博观丛书

张群力 —— 著

非线性微分系统的控制算法及应用

Control

Algorithm Nonlinear

Control Algorithm and Application of
Nonlinear Differential Systems

经济管理出版社
ECONOMY & MANAGEMENT PUBLISHING HOUSE

图书在版编目（CIP）数据

非线性微分系统的控制算法及应用/张群力著. —北京：经济管理出版社，2020.8
ISBN 978-7-5096-7577-9

Ⅰ.①非…　Ⅱ.①张…　Ⅲ.①微分代数—非线性控制—系统—研究　Ⅳ.①TP273

中国版本图书馆 CIP 数据核字（2020）第 170021 号

组稿编辑：高　娅
责任编辑：高　娅
责任印制：黄章平
责任校对：张晓燕

出版发行：经济管理出版社
　　　　　（北京市海淀区北蜂窝 8 号中雅大厦 A 座 11 层 100038）
网　　　址：www.E－mp.com.cn
电　　　话：（010）51915602
印　　　刷：北京虎彩文化传播有限公司
经　　　销：新华书店
开　　　本：710mm×1000mm/16
印　　　张：11.5
字　　　数：220 千字
版　　　次：2020 年 10 月第 1 版　　2020 年 10 月第 1 次印刷
书　　　号：ISBN 978-7-5096-7577-9
定　　　价：78.00 元

前　言

诸多领域都或多或少存在系统控制问题，有效解决系统状态、输出等向量与目标向量的行为一致性，涌现出许多控制方法，比如，间歇控制、迭代学习控制、脉冲控制、容错控制等。本书结合笔者近 10 年非线性微分系统研究成果及思路，精心编写，与读者共同分享其中点点滴滴的酸和甜，阐述非线性微分系统控制算法理论与应用方面的最新知识，是一本具有较强针对性和实用性的参考书。具体而言，本书主要有以下特点：

（1）布局合理，思路清晰，易于学习。本书内容共有四篇，难易有序，符合大多数读者的学习习惯。本书阐述了近十多年来控制领域中控制器的设计和算法推导问题，包括非线性微分系统迭代学习控制、线性矩阵方程的迭代求解、非线性微分系统的脉冲控制及间歇控制、算子梯度法设计控制器等。

（2）实用性强，步骤完整，易于把握。本书针对算法的构造，逐步阐述其中的来龙去脉，不是进行空洞的理论说教，附有实例验证，书中的每一个实例都经过反复推敲、仔细斟酌。

（3）高档打造，精挑细选，易于品读。本书从笔者近 30 篇文章中择优选用典型性文章汇聚而成，其中核心及以上文章八篇。

本书既注意算法推导的实用性，又注意理论分析的严谨性、强系统性，选材恰当，例题丰富，行文通俗流畅，具有较强的可读性。

本书内容是笔者多年来研究的积累和沉淀，适合作为运筹与控制、数学与应用数学、信息与计算科学等专业读者阅读，也是其他理工科相近专业领域的参考用书。

拘于笔者学识，书中难免有不完善之处，恳请同门专家和广大读者批评指正。

张群力

2020 年 5 月

目　录

第一篇

迭代算法

Sylvester 矩阵方程的迭代解法

矩阵 $M, N, M \otimes N$ 表示二者 Kronecker 积，矩阵 $X = (x_1, x_2, \cdots, x_n) \in R^{m \times n}$，$vec(X)$ 表示矩阵 X 列拉伸算子 $vec(X) = (x_1^T, x_2^T, \cdots, x_n^T)^T$。适当维数矩阵 M, N 和 X 有如下性质：$vec(MXN) = (N^T \otimes M) vec(X)$。对于矩阵 $A = (a_{ij})_{m \times n} \in R^{m \times n}$ 的 Frobenius 范数 $\|A\|_F = (\sum_{i=1}^{m} \sum_{j=1}^{n} |a_{ij}|^2)^{\frac{1}{2}} = \sqrt{tr(A^T A)} = \|vec(A)\|_2$，$\|A\|_2 = (\max\{\lambda(A^T A)\})^{1/2}$，其中 $\lambda(A^T A)$ 表示矩阵 $A^T A$ 的特征值。

矩阵迹的性质：

$(1) \, tr(A+B) = tr(A) + tr(B)$；　$(2) \, tr(kA) = ktr(A)$；

$(3) \, tr(A^T) = tr(A)$；　　　　　$(4) \, tr(AB) = tr(BA)$。

一、实 Sylvester 矩阵方程的迭代算法

将实 Sylvester 矩阵方程 $AX + XB + CXD = E$ 写成：

$$f(X) = AX + XB + CXD - E = 0 \tag{1}$$

设 X^* 是式(1)的解，令 $\tilde{X} = X - X^*$，则 $h(\tilde{X}) = f(X) - f(X^*)$ 有零解，且满足：

$$tr\left(\tilde{X}^T \frac{d(\|h(\tilde{X})\|_F^2 / 2)}{d\tilde{X}}\right) = tr(h^T(\tilde{X})h(\tilde{X})) = \|h(\tilde{X})\|_F^2 \tag{2}$$

其中 $\dfrac{d(\|h(\tilde{X})\|_F^2 / 2)}{d\tilde{X}}$ 表示函数矩阵 $h(\tilde{X})$ 对矩阵 $\tilde{X}$ 的导数。

对于方程(1)，我们有：

$$\frac{d(\|f(X)\|_F^2 / 2)}{dX} = \frac{d(\|h(\tilde{X})\|_F^2 / 2)}{dX} = \frac{d(\|h(\tilde{X})\|_F^2 / 2)}{d\tilde{X}} \tag{3}$$

我们用梯度法构造迭代序列：

$$X_{k+1} = X_k - \mu \frac{d(\|f(X)\|_F^2 / 2)}{dX}\bigg|_{X = X_k} \tag{4}$$

其中 $\mu > 0$ 是实数，于是有：

$$\tilde{X}_{k+1} = \tilde{X}_k - \mu \frac{d(\|h(\tilde{X})\|_F^2/2)}{d\tilde{X}} \Big|_{\tilde{X}=\tilde{X}_k} = \tilde{X}_k - \mu \frac{d(\|h(\tilde{X}_k)\|_F^2/2)}{d\tilde{X}_k}.$$

$$\|\tilde{X}_{k+1}\|_F^2 = tr(\tilde{X}_{k+1}^T \tilde{X}_{k+1})$$

$$= tr\left(\left(\tilde{X}_k - \mu \frac{d(\|h(\tilde{X}_k)\|_F^2/2)}{d\tilde{X}_k}\right)^T \left(\tilde{X}_k - \mu \frac{d(\|h(\tilde{X}_k)\|_F^2/2)}{d\tilde{X}_k}\right)\right)$$

$$= tr(\tilde{X}_k^T \tilde{X}_k) - 2\mu \cdot tr\left(\tilde{X}_k^T \frac{d(\|h(\tilde{X}_k)\|_F^2/2)}{d\tilde{X}_k}\right)$$

$$+ \mu^2 tr\left(\left(\frac{d(\|h(\tilde{X}_k)\|_F^2/2)}{d\tilde{X}_k}\right)^T \left(\frac{d(\|h(\tilde{X}_k)\|_F^2/2)}{d\tilde{X}_k}\right)\right)$$

$$= \|\tilde{X}_k\|_F^2 - 2\mu \|h(\tilde{X}_h)\|_F^2 + \mu^2 \left\|\frac{d(\|h(\tilde{X}_k)\|_F^2/2)}{d\tilde{X}_k}\right\|_F^2$$

$$= \|\tilde{X}_k\|_F^2 - \mu\left(2\|h(\tilde{X}_k)\|_F^2 - \mu \left\|\frac{d(\|h(\tilde{X}_k)\|_F^2/2)}{d\tilde{X}_k}\right\|_F^2\right) \tag{5}$$

根据矩阵的 Frobenius 范数、迹的性质以及 Sylvester 矩阵方程的线性特征,有:

$$\left\|\frac{d(\|h(\tilde{X}_k)\|_F^2/2)}{d\tilde{X}_k}\right\|_F^2 \leqslant m\|h(\tilde{X}_k)\|_F^2 \tag{6}$$

其中 m 待定。

于是由式(5)和式(6)知:

$$\|\tilde{X}_{k+1}\|_F^2 \leqslant \|\tilde{X}_k\|_F^2 - \mu(2-m\mu)\|h(\tilde{X}_k)\|_F^2 \tag{7}$$

递推之,我们得到:

$$\|\tilde{X}_k\|_F^2 \leqslant \|\tilde{X}_{k-1}\|_F^2 - \mu(2-m\mu)\|h(\tilde{X}_{k-1})\|_F^2 \tag{8}$$

由式(7)和式(8)知:

$$\|\tilde{X}_{k+1}\|_F^2 \leqslant \|\tilde{X}_0\|_F^2 - \mu(2-m\mu)\sum_{p=1}^{k}\|h(\tilde{X}_{p-1})\|_F^2$$

从而得到:

$$\mu(2-m\mu)\sum_{p=1}^{\infty}\|h(\tilde{X}_{p-1})\|_F^2 \leqslant \|\tilde{X}_0\|_F^2 \tag{9}$$

定理:当 $0 < \mu < \dfrac{2}{m}$ 时,如果方程 $h(\tilde{X}) = 0$ 只有零解,则有 $\lim\limits_{k\to\infty}\tilde{X}_k = 0$,

即 $\lim\limits_{k\to\infty}X_k = X^*$,且当 $\mu = \dfrac{1}{m}$ 时迭代序列(4)收敛速度最快。

证明:由式(9)知,级数 $\sum\limits_{p=1}^{\infty}\|h(\tilde{X}_{p-1})\|_F^2$ 收敛,则 $\lim\limits_{k\to\infty}\|h(\tilde{X}_k)\|_F^2 = 0, \lim\limits_{k\to\infty}h(\tilde{X}_k) = 0$。

又方程 $h(\tilde{X})=0$ 只有零解，所以 $\lim\limits_{k\to\infty}\tilde{X}_k=0$，即 $\lim\limits_{k\to\infty}X_k=X^*$。

当 $0<\mu<\dfrac{2}{m}$ 时，$\mu=\dfrac{1}{m}$ 使函数 $g(\mu)=\mu(2-m\mu)$ 达到最大值，由式（9）知

$\sum\limits_{p=1}^{\infty}\|h(\tilde{X}_{p-1})\|_F^2$ 最小，从而迭代序列（4）收敛速度最快。

推论：构造迭代序列，

$$\tilde{X}_{k+1}=\eta_k\tilde{X}_k-\mu\eta_k\frac{d(\|h(\tilde{X}_k)\|_F^2/2)}{d\tilde{X}_k}+(1-\eta_k)\tilde{X}_{k-1}-\mu(1-\eta_k)\frac{d(\|h(\tilde{X}_{k-1})\|_F^2/2)}{d\tilde{X}_{k-1}}$$

$$\tag{10}$$

其中，η_k 是伯努利分布随机变量，其余条件与定理相同，则式（10）有与定理相同的结论。

（1）当混合型 Lyapunov 矩阵方程 $f(X)=A^TX+XA+B^TXB-C$ 时，

$$\frac{d(\|f(X)\|_F^2/2)}{dX}=Af(X)+f(X)A^T+Bf(X)B^T=\frac{d(\|h(\tilde{X})\|_F^2/2)}{d\tilde{X}}$$

$$=Ah(\tilde{X})+h(\tilde{X})A^T+Bh(\tilde{X})B^T \tag{11}$$

其中，$h(\tilde{X})=A^T\tilde{X}+\tilde{X}A+B^T\tilde{X}B$。

$$tr\left(\tilde{X}^T\frac{d(\|h(\tilde{X})\|_F^2/2)}{d\tilde{X}}\right)=tr(\tilde{X}^TAh(\tilde{X}))+tr(\tilde{X}^Th(\tilde{X})A^T)+tr(\tilde{X}^TBh(\tilde{X})B^T)$$

$$=tr((A^T\tilde{X})^Th(\tilde{X}))+tr((\tilde{X}A)^Th(\tilde{X}))+tr((B^T\tilde{X}^TB)h(\tilde{X}))$$

$$=tr(h^T(\tilde{X})h(\tilde{X}))=\|h(\tilde{X})\|_F^2$$

$$\left\|\frac{d(\|h(\tilde{X})\|_F^2/2)}{d\tilde{X}}\right\|_F^2=\|vec[Ah(\tilde{X})+h(\tilde{X})A^T+Bh(\tilde{X})B^T]\|_2^2$$

$$=\|(I\otimes A+A\otimes I+B\otimes B)vec(h(\tilde{X}))\|_2^2$$

$$\leq\|(I\otimes A+A\otimes I+B\otimes B)\|_2^2\|vec(h(\tilde{X}))\|_2^2$$

$$=m\|h(\tilde{X})\|_F^2 \tag{12}$$

其中，I 表示单位矩阵，$m=\|(I\otimes A+A\otimes I+B\otimes B)\|_2^2$。

（2）当 $f(X)=AX+XB-C$ 时，

$$\frac{\partial(\|f(X)\|_F^2/2)}{\partial X}=\frac{\partial(\|h(\tilde{X})\|_F^2/2)}{\partial\tilde{X}}=A^T(A\tilde{X}+\tilde{X}B)+(A\tilde{X}+\tilde{X}B)B^T$$

$$tr\left(\tilde{X}^T \frac{\partial(\|h(\tilde{X})\|_F^2/2)}{\partial \tilde{X}}\right) = \|h(\tilde{X})\|_F^2 . \ m = \|(I \otimes A^T + B \otimes I\|_2^2 \tag{13}$$

二、实例

例 1 考察矩阵方程 $AX + XA^T + \frac{1}{4}AXA^T + B = 0$ 的迭代解,其中,

$$A = \begin{pmatrix} -1.6 & 0.2 \\ 0.6 & -2.0 \end{pmatrix}, B = \begin{pmatrix} 0.929 & 0.838 \\ 0.838 & 2.015 \end{pmatrix}$$

易知上述方程的精确解为 $X = \begin{pmatrix} 0.5 & 0.4 \\ 0.4 & 0.7 \end{pmatrix}$,经编写 Matlab 程序计算 $m = \|(I \otimes A + A \otimes I + (1/4)A \otimes A)\|_2^2 = 10.4640$,利用上述算法,图 1 至图 3 显示分别取 $1/m = 1/10.4640, 1/m = 1.9/10.4640$ 时,矩阵方程解收敛速度不同的情形;图 4 至图 6 显示取 $1/m = 2.01/10.4640$ 时,上述矩阵方程解不收敛情况。

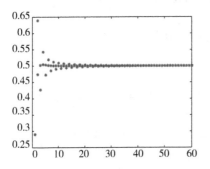

图 1 x_{11} 曲线的收敛状况

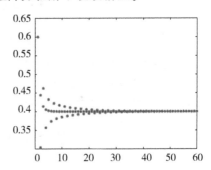

图 2 x_{12}, x_{21} 曲线的收敛状况

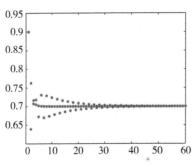

图 3 x_{22} 曲线的收敛状况

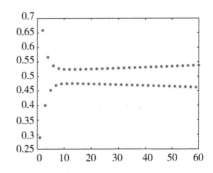

图 4 x_{11} 曲线不收敛状况

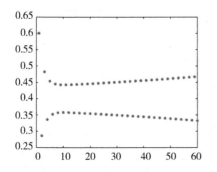

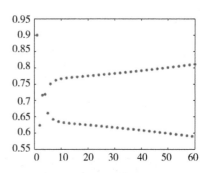

图 5 x_{12}, x_{21} 曲线不收敛状况　　　　　**图 6** x_{22} 曲线不收敛状况

例 2 考察矩阵方程 $AX+XB=C$ 的迭代解，其中 $A = \begin{pmatrix} 4.5 & 3.5 & 3.0 & -5.5 \\ -5.0 & 6.0 & -3.0 & 2.0 \\ 4.0 & 2.0 & 5.0 & -3.0 \\ 1.5 & 1.5 & 0 & -0.5 \end{pmatrix}$,

$B = \begin{pmatrix} -1.5 & -6.5 & -3.0 & -2.5 \\ 1.0 & 6.0 & 3.0 & 1.0 \\ -4.0 & -5.0 & -4.0 & 0 \\ -1.5 & -1.5 & 0 & -0.5 \end{pmatrix}, C = \begin{pmatrix} -5.5 & 12.5 & 11.0 & 4.5 \\ 3.5 & -3.5 & 2.0 & -4.5 \\ -8.5 & -10.5 & -1.0 & -1.5 \\ 2.0 & 0 & 0 & -1.0 \end{pmatrix}$。

易知上述方程的精确解为 $X = \begin{pmatrix} -1 & 1 & 0 & 1 \\ 1 & 0 & -1 & 0 \\ 0 & -1 & 1 & -1 \\ 1 & 0 & -1 & 0 \end{pmatrix}$,经编写 Matlab 程序计

算 $m = \|(I \otimes A + A \otimes I + B \otimes B)\|_2^2 = 374.7272$，在此，分别取 $1/m = 1/374.7272$，$1/m = 1.6/374.7272$，仅做出矩阵 X 中第一行元素 $x_{11}, x_{12}, x_{13}, x_{14}$ 的变化曲线（见图 7 至图 10），图 11 至图 14 显示取 $1/m = 2.01/374.7272$ 时，上述四元素不收敛情况。

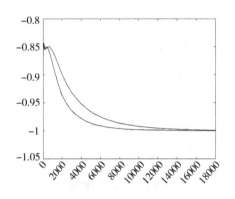

图 7　x_{11} 曲线的收敛状况

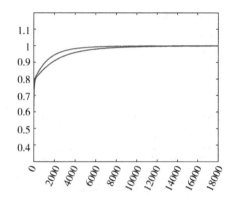

图 8　x_{12}, x_{21} 曲线的收敛状况

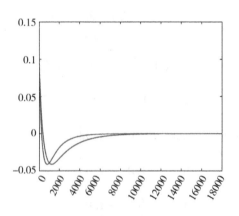

图 9　x_{13}, x_{31} 曲线的收敛状况

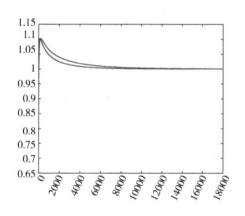

图 10　x_{14}, x_{41} 曲线的收敛状况

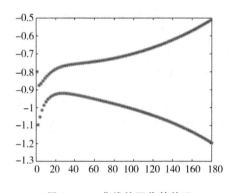

图 11　x_{11} 曲线的不收敛状况

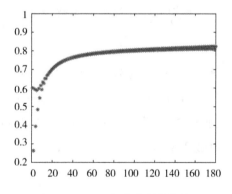

图 12　x_{12}, x_{21} 曲线的不收敛状况

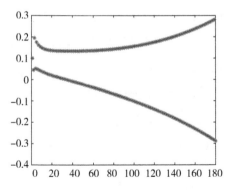

图 13　x_{13}, x_{31} 曲线的不收敛状况

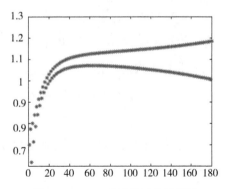

图 14　x_{14}, x_{41} 曲线的不收敛状况

三、结论

本文结合梯度法构造迭代序列和级数收敛的性质研讨了实 Sylvester 矩阵方程的迭代算法,详细推算出配置的参数范围,实例演示所构造算法的有效性、可靠性。

矩阵微分系统的迭代学习控制

定义:对于函数 $h(t):[0,w] \to R^n$,称 $\|h(t)\|_\lambda = \sup\limits_{t \in [0,w]} e^{-\lambda t} \|h(t)\|$,$\lambda > 0$ 为 $h(t)$ 的 λ 范数。

引理:对于函数 $f(t), h(t):[0,w] \to R^n$,如果 $h(t) = \int_0^t e^{a(t-s)} f(s) ds$,则有:

$$\|h(t)\|_\lambda \leqslant \frac{1 - e^{(a-\lambda)T}}{\lambda - a} \|f(t)\|_\lambda \qquad (1)$$

注:仿照向量函数的 λ 范数,定义矩阵函数的 λ 范数如下:设 $A(t) = (a_{ij}(t))_{n \times n}$,$a_{ij}(t):[0,w] \to R$,称 $\|A(t)\|_\lambda = \sup\limits_{t \in [0,w]} e^{-\lambda t} \|A(t)\|$,$\lambda > 0$ 为 $A(t)$ 的 λ 范数,且有与引理相似的结论,其中 $\|A(t)\| = \lambda_{\max}(A^T(t)A(t))$。

Beesack 不等式:设 $u(t), b(t)$ 在 $D = (\alpha, \beta)$ 上连续,$a(t), q(t) \in L[\alpha, \beta]$,$b(t), q(t)$ 非负,若 $u(t) \leqslant a(t) + q(t) \int_{t_0}^t b(s) u(s) ds$,$t \in D$。则有:

$$u(t) \leqslant a(t) + q(t) \int_{t_0}^t a(s) b(s) \exp\left\{ \int_s^t q(r) b(r) dr \right\} ds, t \in D \qquad (2)$$

考察矩阵微分系统的迭代学习控制，其中 $x_k(t) = (x_{ij}(t))_k \in R^{n \times n}$ 是第 k 次迭代状态矩阵，A、B、C、D、M 是适当维数的矩阵，$u_k(t)$ 是第 k 次迭代输入矩阵，$y_k(t)$ 是第 k 次迭代输出矩阵，$y_d(t)$ 是目标矩阵函数。

$$\dot{x}_k(t) = Ax_k(t) + x_k(t)B + u_k(t) \qquad u_{k+1}(t) = u_k(t) + Me_k(t)$$

$$y_k(t) = Cx_k(t) + Du_k(t) \qquad\qquad e_k(t) = y_d(t) - y_k(t) \qquad (3)$$

定理：对于系统(3)中满足迭代初值 $x_{k+1}(0) = x_k(0)$，如果 A、B、C、D、M 的范数满足：

$$\| (I - DM) \| + \| C \| \frac{1 - \exp\{ (\| A \| + \| B \| - \lambda) T \}}{\lambda - (\| A \| + \| B \|)} < \delta < 1 \qquad (4)$$

其中，I 是相应维数的单位矩阵，T 为有限时间 t 的区间长度，则有 $\lim\limits_{k \to +\infty} \| y_d(t) - y_k(t) \| = 0$。

证明：由系统(3)知：

$$x_{k+1}(t) - x_k(t) = \int_0^t (\dot{x}_{k+1}(\theta) - \dot{x}_k(\theta)) d\theta + x_{k+1}(0) - x_k(0)$$

$$= \int_0^t A(x_{k+1}(\theta) - x_k(\theta)) d\theta + \int_0^t (x_{k+1}(\theta)$$

$$- x_k(\theta)) B d\theta + \int_0^t (u_{k+1}(\theta) - u_k(\theta)) d\theta \qquad (5)$$

于是有：

$$\| x_{k+1}(t) - x_k(t) \| \leqslant (\| A \| + \| B \|) \int_0^t (x_{k+1}(\theta) - x_k(\theta)) d\theta + \int_0^t \| M \| \| e_k(\theta) \| d\theta \qquad (6)$$

由 Beesack 不等式和二重积分交换积分次序得到：

$$\| x_{k+1}(t) - x_k(t) \| \leqslant \int_0^t \| M \| \| e_k(\theta) \| d\theta + (\| A \| + \| B \|) \int_0$$

$$\left(\int_0^s \| M \| \| e_k(\theta) \| d\theta \right) \cdot \exp\left\{ \int_s^t (\| A \| + \| B \|) dr \right\} ds$$

$$= \| M \| \int_0^t \| e_k(\theta) \| d\theta + \| M \| (\| A \| + \| B \|) \int_0$$

$$\left(\int_0^s \| e_k(\theta) \| d\theta \right) \cdot \exp\{ (\| A \| + \| B \|)(t - s) \} ds$$

$$= \|M\| \int_0^t \|e_k(\theta)\| d\theta + \|M\|(\|A\| + \|B\|) \int_0^t$$

$$\left(\int_\theta^t \|e_k(\theta)\| \cdot \exp\{(\|A\| + \|B\|)(t-s)\} ds \right) d\theta$$

$$= \|M\| \int_0^t \|e_k(\theta)\| d\theta + \|M\| \int_0^t$$

$$[\exp\{(\|A\| + \|B\|)(t-\theta)\} - 1] \|e_k(\theta)\| d\theta$$

$$= \|M\| \int_0^t \exp\{(\|A\| + \|B\|)(t-\theta)\} \|e_k(\theta)\| d\theta$$

于是有：

$$\|x_{k+1}(t) - x_k(t)\|_\lambda \leq \frac{1 - \exp\{(\|A\| + \|B\| - \lambda)T\}}{\lambda - (\|A\| + \|B\|)} \|e_k(t)\|_\lambda \tag{7}$$

$$e_{k+1}(t) = e_k(t) + y_k(t) - y_{k+1}(t)$$

$$= (I - DM) e_k(t) - C(x_{k+1}(t) - x_k(t)) \tag{8}$$

由式(7)、式(8)得 $\|e_{k+1}(t)\| = \|(I-DM)\| \|e_k(t)\| + \|C\| \|x_{k+1}(t) - x_k(t)\|$,

$$\|e_{k+1}(t)\|_\lambda = \|(I-DM)\| \|e_k(t)\|_\lambda + \|C\| \|x_{k+1}(t) - x_k(t)\|_\lambda$$

$$\leq \left[\|(I-DM)\| + \|C\| \frac{1 - \exp\{(\|A\| + \|B\| - \lambda)T\}}{\lambda - (\|A\| + \|B\|)} \right] \|e_k(t)\|_\lambda 。$$

又 $\lim\limits_{\lambda \to +\infty} \|C\| \dfrac{1 - \exp\{(\|A\| + \|B\| - \lambda)T\}}{\lambda - (\|A\| + \|B\|)} = 0$, 所以当 $\|(I-DM)\| < 1$ 时, 存在

$\lambda > 0$, 有 $\|(I-DM)\| + \|C\| \dfrac{1 - \exp\{(\|A\| + \|B\| - \lambda)T\}}{\lambda - (\|A\| + \|B\|)} < \delta < 1$ 成立, 其中 δ 为常数。

于是有 $\|e_{k+1}(t)\|_\lambda \leq \delta \|e_k(t)\|_\lambda$, 进一步得到 $0 \leq \|e_k(t)\|_\lambda \leq \delta^{k-1} \|e_1(t)\|_\lambda$,

$\lim\limits_{k \to +\infty} \|e_k(t)\|_\lambda = 0$,

$$\lim\limits_{k \to +\infty} \|y_d(t) - y_k(t)\|_\lambda = 0. \quad \lim\limits_{k \to +\infty} \|y_d(t) - y_k(t)\| = 0。$$

下面根据函数的单调性讨论 λ 和矩阵 A、B 的范数配置关系。

设 $f(\lambda) = \dfrac{1 - e^{(a-\lambda)T}}{\lambda - a}$, $a > 0$, $T > 0$ 均为常数, 则其导数为：

$$f'(\lambda) = \frac{e^{(a-\lambda)T}((\lambda - a)T + 1) - 1}{(\lambda - a)^2} \tag{9}$$

令 $h(\lambda)=e^{(a-\lambda)T}((\lambda-a)T+1)-1$,则 $h'(\lambda)=e^{(a-\lambda)T}(a-\lambda)T^2$。由 $h'(\lambda)=0$ 得 $\lambda=a$,且 $h(\lambda)$ 在 $\lambda\in(0,a]$ 上是增函数,在 $\lambda\in[a,+\infty)$ 上是减函数,于是有 $h_{max}(\lambda)=h(a)=0$。

又 $\lim_{\lambda\to a}f'(\lambda)=\lim_{\lambda\to a}\dfrac{-T^2e^{(a-\lambda)T}}{2}=\dfrac{-T^2}{2}$,所以 $f'(\lambda)<0$,$f(\lambda)$ 在 $(0,+\infty)$ 上为减函数,有 $f(\lambda)<f(0)=\dfrac{e^{aT}-1}{a}$。

推论:取 $a=\|A\|+\|B\|$,当 $\|(I-DM)\|+\|C\|\dfrac{e^{aT}-1}{a}<1$ 时,其余条件与定理中其他条件相同,则系统(3)有与定理同样的结果。

说明:若系统(3)中 $Ax(t)+x(t)B$ 变为 $f(x(t))\in R^{n\times n}$,且 $\|f(x(t))\|\le\rho\|x(t)\|$ 时,可以得到与上述类似的结果。

一、实例

系统(3)中矩阵 A、B、C、D、M 分别取 $A=\begin{pmatrix}1&3\\2&2\end{pmatrix}$,$B=\begin{pmatrix}0.8&0.1\\0.1&0.6\end{pmatrix}$,$C=\begin{pmatrix}0.01&0.02\\0.04&0.03\end{pmatrix}$,$D=\begin{pmatrix}2&1\\1.5&2\end{pmatrix}$,$M=\begin{pmatrix}0.4&0\\0&0.4\end{pmatrix}$。目标矩阵为 $y_d=\begin{pmatrix}\sin t&\cos t\\2\cos t+0.5&0.5\sin t\end{pmatrix}$,控制输入初值为 $\begin{pmatrix}0.2&0.5\\0.6&0.3\end{pmatrix}$,每次迭代状态矩阵初值均为 $\begin{pmatrix}2&2\\2&2\end{pmatrix}$。图 1 至图 4 分别显示状态矩阵 $x_k(t)$ 的各分量在区间 $[0,2]$ 迭代次数分别为 3、9、15、21、26、31、36、39、42 时追踪目标矩阵函数 y_d 的各分量误差变化情况。

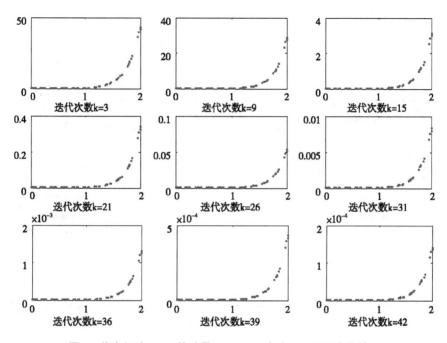

图1 状态矩阵 $x_k(t)$ 的分量 $(x_{11}(t))_k$ 追踪 $\sin t$ 误差变化情况

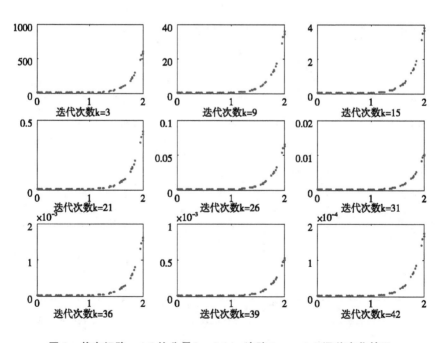

图2 状态矩阵 $x_k(t)$ 的分量 $(x_{21}(t))_k$ 追踪 $2\cos t+0.5$ 误差变化情况

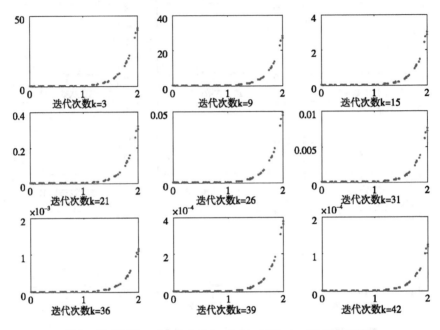

图3 状态矩阵 $x_k(t)$ 的分量 $(x_{12}(t))_k$ 追踪 $\cos t$ 误差变化情况

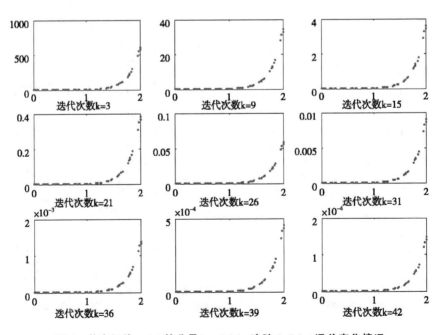

图4 状态矩阵 $x_k(t)$ 的分量 $(x_{22}(t))_k$ 追踪 $0.5\sin t$ 误差变化情况

二、结论

本文结合 λ 范数和矩阵范数研讨了实线性矩阵微分系统的迭代学习控制以及两种范数之间的配置关系,实例演示所构造算法的有效性、可靠性。

分数阶分布参数系统的迭代学习控制

Analysis on Nonlinear Fractional-order Distributed Parameter Systems via Iterative Learning Control

Throughout this paper, R^n denotes an n-dimensional Euclidean space, I_m means an m×m dimensional identity matrix. The 2-norm for the n-dimensional vector $w = (w_1, w_2, \cdots, w_n)$ is defined as $\|w\| = \sqrt{\sum_{i=1}^{n} w_i^2}$ and the spectrum norm of the $m×m$ order square matrix A is $\|A\| = \sqrt{\lambda_{\max}(A^T A)}$, where $\lambda_{\max}$ represents the maximum eigenvalue. Let $L^2(\Omega)$ be Hilbert space. If $Q_i \in L^2(\Omega)(i=1,2,\cdots,n)$, we define $Q = (Q_1, Q_2, \cdots, Q_n) \in R^n \cap L^2(\Omega)$, then $\|Q\|_{L^2} = \left\{ \int_\Omega (Q^T(x)Q(x))dx \right\}^{\frac{1}{2}}$.

For the function $f(x,t): \Omega \times [0,T] \rightarrow R^n, f(x,t) \in R^n \cap L^2(\Omega), t \in [0,T]$, one define the norm of (L^2, λ) as:

$$\|f\|_{(L^2, \lambda)} = \sup_{t \in [0,T]} \{e^{-\lambda t} \|f\|_{L^2}\}, \lambda > 0 \tag{1}$$

1. Preliminaries

Definition 1: The definition of fractional integral is described by:

$$_{t_0}I_t^\alpha f(t) = \frac{1}{\Gamma(\alpha)} \int_{t_0}^{t} (t-s)^{\alpha-1} f(s)ds, \alpha > 0 \tag{2}$$

where $\Gamma(\alpha) = \int_0^{+\infty} e^{-t} t^{\alpha-1} dt$ is the well-known Gamma function.

Definition 2: The Caputo derivative is defined by:

$$\sideset{^C}{^\alpha_t}D_{t_0}f(t) = D^2_t f(t) = \frac{1}{\Gamma(n-\alpha)}\int_{t_0}^{t}(t-s)^{n-\alpha-1}f^{(n)}(s)\,ds \qquad (3)$$

where n is the first integer which not less than α, that is $\alpha \in [n-1,n)$.

Lemma 1: Let $\varphi(t) = (\varphi_1(t), \varphi_2(t), \cdots, \varphi_n(t))^T \in R^n$ be a differentiable vector function. Then for any time instant $t \geq t_0$, the result holds:

$$D^\alpha_t(\varphi^T(t)P\varphi(t)) \leq 2\varphi^T(t)PD^\alpha_t\varphi(t), \ \forall \alpha \in (0,1] \qquad (4)$$

where $P \in R^{n \times n}$ is a constant positive definite matrix.

Lemma 2: (Generalized Gronwall Inequality) Suppose $a(t)$ is a nonnegative, non-decreasing function locally integrable on $0 \leq t \leq T$ and $g(t)$ is a nonnegative, non-decreasing continuous function defined on $0 \leq t \leq T, g(t) \leq M$ (constant), and suppose $u(t)$ is nonnegative and locally integrable on $0 \leq t \leq T$ with:

$$u(t) \leq a(t) + g(t)\int_0^t(t-s)^{\alpha-1}u(s)\,ds \qquad (5)$$

on the interval $[0,T]$. Then:

$$u(t) \leq a(t)E_\alpha(g(t)\Gamma(\alpha)t^\alpha) \qquad (6)$$

where $E_{\alpha,\beta}(z) = \sum_{k=0}^{\infty}\frac{z^k}{\Gamma(\alpha k + \beta)}, \alpha > 0, \beta > 0$. For $\beta = 1, E_{a,\beta}(z) = E_\alpha(z)$, Especially, $E_{1,1}(z) = e^z$.

2. Main Results

Consider the following fractional order distributed parameter system:

$$D^\alpha_t Q_k(x,t) = D\nabla Q_k(x,t) + AQ_k(x,t) + B\delta u_k(x,t) + f(Q_k(x,t))$$

$$y_k(x,t) = CQ_k(x,t) + G\delta u_k(x,t)$$

$$u_{k+1}(x,t) = 2u_k(x,t) - u_{k-1}(x,t) + Pe_k(x,t)$$

$$\delta u_{k+1}(x,t) = u_{k+1}(x,t) - u_k(x,t) \qquad (7)$$

where $\alpha \in (0,1], Q_k(x,t) \in R^n \cap L^2(\Omega), u_k(x,t) \in R^n \cap L^2(\Omega), y_k(x,t) \in R^n \cap L^2(\Omega)$ are the state, input and output vector of at the k-th iteration, respectively, subscript k denotes the iterative number of the process, x and t respectively denote space and time variables, $(x,t) \in \Omega \times [0,T]$, Ω is a bounded open subset with smooth boundary $\partial\Omega$. $\nabla = \partial^2/\partial x^2$ is a Laplace operator on Ω. A,B,C,D,G are constant matrices, $G\neq0,D=D^T>0$.

Denote $\delta Q_{k+1}(x,t)=Q_{k+1}(x,t)-Q_k(x,t)$, $e_k(x,t)=y_d(x,t)-y_k(x,t)$, where $y_d(x,t)$ is desired trace. The corresponding conditions of system (1) are:

$$\frac{\partial(\delta Q_{k+1}(x,t))}{\partial x}=H(\delta Q_{k+1}(x,t)),DH+H^TD\leqslant0 \tag{8}$$

$$(\delta Q_{k+1}(x,t))^T(f(Q_{k+1}(x,t))-f(Q_k(x,t)))\leqslant(\delta Q_{k+1}(x,t))^TM(\delta Q_{k+1}(x,t)) \tag{9}$$

$$\|Q_{k+1}(x,0)-Q_k(x,0)\|_{L^2}^2=0 \tag{10}$$

Theorem: A sufficient convergence condition of system (5) along the iteration axis of the output tracking errors on L^2 space is obtained if the conditions (6), (7), (8) are satisfied and there exists larger λ to ensure:

$$\left[\|I-GP\|+\|C\|\left(\frac{\|BP\|}{\lambda^\alpha}E_\alpha(ht^\alpha)\right)^{\frac{1}{2}}\right]^2=\rho<1 \tag{11}$$

Proof: From the first equation of the system (1), one has:

$$D_t^\alpha Q_{k+1}(x,t)=D\nabla Q_{k+1}(x,t)+AQ_{k+1}(x,t)+B\delta u_{k+1}(x,t)+f(Q_{k+1}(x,t))$$

$$D_t^\alpha Q_k(x,t)=D\nabla Q_k(x,t)+AQ_k(x,t)+B\delta u_k(x,t)+f(Q_k(x,t))$$

$$D_t^\alpha\delta Q_{k+1}(x,t)=D_t^\alpha Q_{k+1}(x,t)-D_t^\alpha Q_k(x,t)$$

$$=D\nabla Q_{k+1}(x,t)-D\nabla Q_k(x,t)$$

$$+AQ_{k+1}(x,t)-AQ_k(x,t)$$

$$+B\delta u_{k+1}(x,t)-B\delta u_k(x,t)$$

$$+f(Q_{k+1}(x,t))-f(Q_k(x,t))$$

$$=D\nabla\delta Q_{k+1}(x,t)+A\delta Q_{k+1}(x,t)+Be_k(x,t)$$

$$+f(Q_{k+1}(x,t))-f(Q_k(x,t)) \tag{12}$$

Note that from Lemma 1 and inequality (7):

$$D_t^\alpha(\|\delta Q_{k+1}(x,t)\|_{L^2}^2)=D_t^\alpha\int_\Omega(\delta Q_{k+1}(x,t)^T(\delta Q_{k+1}(x,t))dx$$

$$=\int_\Omega D_t^\alpha((\delta Q_{k+1}(x,t))^T(\delta Q_{k+1}(x,t))dx$$

$$\leqslant2\int_\Omega(\delta Q_{k+1}(x,t)^TD_t^\alpha(\delta Q_{k+1}(x,t))dx$$

$$= 2\int_{\Omega} (\delta Q_{k+1}(x,t))^T D \nabla \delta Q_{k+1}(x,t)\, dx + 2\int_{\Omega}$$

$$(\delta Q_{k+1}(x,t))^T A \delta Q_{k+1}(x,t)\, dx$$

$$+ 2\int_{\Omega} (\delta Q_{k+1}(x,t))^T B P e_k(x,t)\, dx$$

$$+ 2\int_{\Omega} (\delta Q_{k+1}(x,t))^T (f(Q_{k+1}(x,t)) - f(Q_k(x,t)))\, dx$$

$$\leq 2\int_{\Omega} (\delta Q_{k+1}(x,t))^T D \nabla \delta Q_{k+1}(x,t)\, dx + 2\int_{\Omega}$$

$$(\delta Q_{k+1}(x,t))^T (A + M) \delta Q_{k+1}(x,t)\, dx$$

$$+ 2\int_{\Omega} (\delta Q_{k+1}(x,t))^T B P e_k(x,t)\, dx \tag{13}$$

It is easy to know that:

$$\frac{\partial}{\partial x}\left((p(x,t))^T \cdot \frac{\partial(p(x,t))}{\partial x}\right) = \left(\frac{\partial(p(x,t))}{\partial x}\right)^T \left(\frac{\partial(p(x,t))}{\partial x}\right)$$

$$+ (p(x,t))^T \frac{\partial^2(p(x,t))}{\partial x^2}$$

$$(p(x,t))^T \nabla (p(x,t)) = \frac{\partial}{\partial x}\left((p(x,t))^T \cdot \frac{\partial(p(x,t))}{\partial x}\right)$$

$$- \left(\frac{\partial(p(x,t))}{\partial x}\right)^T \left(\frac{\partial(p(x,t))}{\partial x}\right)$$

$$\int_{\Omega} (p(x,t))^T \nabla (p(x,t))\, dx = \int_{\Omega} \frac{\partial}{\partial x}\left((p(x,t))^T \cdot \frac{\partial(p(x,t))}{\partial x}\right) dx$$

$$- \int_{\Omega} \left(\frac{\partial(p(x,t))}{\partial x}\right)^T \left(\frac{\partial(p(x,t))}{\partial x}\right) dx$$

$$\tag{14}$$

From (12), taking $p(x,t) = \delta Q_{k+1}(x,t)$, one obtain that:

$$D_t^\alpha(\|\delta Q_{k+1}(x,t)\|_{L^2}^2) \leq 2\int_{\Omega} \frac{\partial}{\partial x}\left((\delta Q_{k+1}(x,t))^T D \frac{\partial(\delta Q_{k+1}(x,t))}{\partial x}\right) dx -$$

$$2\int_{\Omega} \left(\frac{\partial(\delta Q_{k+1}(x,t))}{\partial x}\right)^T D \left(\frac{\partial(\delta Q_{k+1}(x,t))}{\partial x}\right) dx + 2\int_{\Omega} (\delta Q_{k+1}(x,t))^T (A + M)$$

$$\delta Q_{k+1}(x,t)\, dx + 2\int_{\Omega} (\delta Q_{k+1}(x,t))^T B P e_k(x,t)\, dx \tag{15}$$

According to the condition(6) and $D > 0$, then:

$$D_t^\alpha(\|\delta Q_{k+1}(x,t)\|_{L^2}^2) \leqslant 2\int_\Omega (\delta Q_{k+1}(x,t))^T (A+M)(\delta Q_{k+1}(x,t))dx$$

$$+ 2\int_\Omega (\delta Q_{k+1}(x,t))^T BPe_k(x,t)dx \qquad (16)$$

Clearly:

$$2\int_\Omega (\delta Q_{k+1}(x,t))^T (A+M)(\delta Q_{k+1}(x,t))dx$$

$$\leqslant 2\|A+M\|\int_\Omega (\delta Q_{k+1}(x,t))^T \delta Q_{k+1}(x,t)dx$$

$$= 2\|A+M\|\|\delta Q_{k+1}(x,t)\|_{L^2}^2 \qquad (17)$$

Using the Hölder inequality to $2\int_\Omega (\delta Q_{k+1}(x,t))^T BPe_k(x,t)dx$, it yields:

$$2\int_\Omega (\delta Q_{k+1}(x,t))^T BPe_k(x,t)dx \leqslant \|BP\|\|\delta Q_{k+1}(x,t)\|_{L^2}^2 + \|BP\|\|e_k(x,t)\|_{L^2}^2$$

$$(18)$$

Thus, from (12) to (16), we have:

$$D_t^\alpha(\|\delta Q_{k+1}(x,t)\|_{L^2}^2) \leqslant (2\|A+M\|+\|BP\|)\|\delta Q_{k+1}(x,t)\|_{L^2}^2 + \|BP\|\|e_k(x,t)\|_{L^2}^2$$

$$(19)$$

Integrating both sides of (17) above t, we can get:

$$\|\delta Q_{k+1}(x,t)\|_{L^2}^2 \leqslant \|\delta Q_{k+1}(x,0)\|_{L^2}^2 + \frac{h}{\Gamma(\alpha)}\int_0^t (t-s)^{\alpha-1}\|\delta Q_{k+1}(x,s)\|_{L^2}^2 ds$$

$$+ \frac{\|BP\|}{\Gamma(\alpha)}\int_0^t (t-s)^{\alpha-1}\|e_k(x,s)\|_{L^2}^2 ds \qquad (20)$$

where $h = 2\|A+M\|+\|BP\|$.

According to $\|Q_{k+1}(x,0)-Q_k(x,0)\|_{L^2}^2 = 0$,

$$\|\delta Q_{k+1}(x,t)\|_{L^2}^2 \leqslant \frac{h}{\Gamma(\alpha)}\int_0^t (t-s)^{\alpha-1}\|\delta Q_{k+1}(x,s)\|_{L^2}^2 ds + \frac{\|BP\|}{\Gamma(\alpha)}\int_0^t (t-s)^{\alpha-1}\|e_k(x,s)\|_{L^2}^2 ds =$$

$$\frac{h}{\Gamma(\alpha)}\int_0^t (t-s)^{\alpha-1}\|\delta Q_{k+1}(x,s)\|_{L^2}^2 ds + \frac{\|BP\|}{\Gamma(\alpha)}\int_0^t (t-s)^{\alpha-1}e^{\lambda s}(e^{-\lambda s}\|e_k(x,s)\|_{L^2}^2)ds \leqslant$$

$$\frac{h}{\Gamma(\alpha)}\int_0^t (t-s)^{\alpha-1}\|\delta Q_{k+1}(x,s)\|_{L^2}^2 ds + \frac{\|BP\|}{\Gamma(\alpha)}\int_0^t (t-s)^{\alpha-1}e^{\lambda s}ds \cdot (\|e_k(\cdot,t)\|_{L^2,\lambda}^2)$$

$$(21)$$

Using Lemma 2 to (19), we have:

$$\|\delta Q_{k+1}(x,t)\|_{L^2}^2 \leq \left(\frac{\|BP\|}{\Gamma(\alpha)}\int_0^t (t-s)^{\alpha-1}e^{\lambda s}ds \cdot (\|e_k(\cdot,s)\|_{L^2,\lambda}^2)\right)E_\alpha(ht^\alpha)$$

(22)

Furthermore, taking the transformations $w=t-s$, $\eta=\lambda w$, it can be easily proved that:

$$\int_0^t (t-s)^{\alpha-1}e^{\lambda s}ds = \int_0^t w^{\alpha-1}e^{\lambda(t-w)}dw = e^{\lambda t}\int_0^t w^{\alpha-1}e^{-\lambda w}dw$$

$$= \frac{e^{\lambda t}}{\lambda^\alpha}\int_0^{\lambda t}\eta^{\alpha-1}e^{-\eta}d\eta < \frac{e^{\lambda t}}{\lambda^\alpha}\Gamma(\alpha)$$

(23)

Substituting (21) into inequality (20), we obtain that:

$$\|\delta Q_{k+1}(x,t)\|_{L^2}^2 \leq \left(\frac{e^{\lambda t}\|BP\|}{\lambda^\alpha} \cdot (\|e_k(\cdot,t)\|_{L^2,\lambda}^2)\right)E_\alpha(ht^\alpha)$$

$$e^{-\lambda t}\|\delta Q_{k+1}(x,t)\|_{L^2}^2 \leq \left(\frac{\|BP\|}{\lambda^\alpha} \cdot (\|e_k(\cdot,t)\|_{L^2,\lambda}^2)\right)E_\alpha(ht^\alpha)$$

$$\|\delta Q_{k+1}(x,t)\|_{L^2,\lambda}^2 \leq \left(\frac{\|BP\|}{\lambda^\alpha} \cdot (\|e_k(\cdot,t)\|_{L^2,\lambda}^2)\right)E_\alpha(ht^\alpha)$$

$$\|\delta Q_{k+1}(x,t)\|_{L^2,\lambda}^2 \leq \left(\frac{\|BP\|}{\lambda^\alpha} \cdot E_\alpha(ht^\alpha)\right)^{\frac{1}{2}}\|e_k(\cdot,t)\|_{L^2,\lambda}^2$$

(24)

From the second, third and fourth equations of the system (5), one has:

$$e_{k+1}(x,t) = e_k(x,t)+y_k(x,t)-y_{k+1}(x,t)$$

$$= e_k(x,t)-C\delta Q_{k+1}(x,t)-GPe_k(x,t)$$

$$= (I-GP)e_k(x,t)-C\delta Q_{k+1}(x,t)$$

$$\|e_{k+1}(x,t)\| \leq \|I-GP\|\|e_k(x,t)\|+\|C\|\|\delta Q_{k+1}(x,t)\|$$

(25)

Two-end square and integral over x on Ω for the inequality (17), then

$$\int_\Omega \|e_{k+1}(x,t)\|^2 dx \leq \|I-GP\|^2\int_\Omega \|e_k(x,t)\|^2 dx + \|C\|^2\int_\Omega \|\delta Q_{k+1}(x,t)\|^2 dx$$

$$+ 2\|I-GP\|\|C\|\int_\Omega (\|e_k(x,t)\| \cdot \|\delta Q_{k+1}(x,t)\|)dx$$

Utilizing Gauchy–Schwarz integral inequality,

$$\int_{\Omega}(\|e_k(x,t)\| \cdot \|\delta Q_{k+1}(x,t)\|)dx \leqslant \sqrt{\int_{\Omega}\|e_k(x,t)\|^2 dx}\sqrt{\int_{\Omega}\|\delta Q_{k+1}(x,t)\|^2 dx}$$

$$(26)$$

So:

$$\|e_{k+1}(\cdot,t)\|_{L^2}^2 \leqslant \|I-GP\|^2 \|e_k(\cdot,t)\|_{L^2}^2 + \|C\|^2 \|\delta Q_{k+1}(\cdot,t)\|_{L^2}^2$$

$$+2\|I-GP\|\|C\|\|e_k(\cdot,t)\|_{L^2}\|\delta Q_{k+1}(\cdot,t)\|_{L^2} \qquad (27)$$

Taking $\lambda > 0$,

$$\|e_{k+1}(\cdot,t)\|_{L^2,\lambda}^2 = \sup_{t\in[0,T]}\{e^{-2\lambda t}\|e_{k+1}(\cdot,t)\|_{L^2}^2\}$$

$$\leqslant \|I-GP\|^2 \sup_{t\in[0,T]}\{e^{-2\lambda t}\|e_k(\cdot,t)\|_{L^2}^2\}$$

$$+\|C\|^2 \sup_{t\in[0,T]}\{e^{-2\lambda t}\|\delta Q_{k+1}(\cdot,t)\|_{L^2}^2\}$$

$$+2\|I-GP\|\|C\|$$

$$\sup_{t\in[0,T]}\{e^{-\lambda t}\|e_k(\cdot,t)\|_{L^2} \cdot e^{-\lambda t}\|\delta Q_{k+1}(\cdot,t)\|_{L^2}\}$$

$$\leqslant \|I-GP\|^2 \|e_k(\cdot,t)\|_{L^2,\lambda}^2$$

$$+\|C\|^2 \|\delta Q_{k+1}(\cdot,t)\|_{L^2,\lambda}^2$$

$$+2\|I-GP\|\|C\|\|e_k(\cdot,t)\|_{L^2,\lambda} \cdot \|\delta Q_{k+1}(\cdot,t)\|_{L^2,\lambda}$$

$$(28)$$

From (22) and (26), one obtains that:

$$\|e_{k+1}(\cdot,t)\|_{L^2,\lambda}^2 \leqslant \left[\|I-GP\|+\|C\|\left(\frac{\|BP\|}{\lambda^\alpha}E_\alpha(ht^\alpha)\right)^{\frac{1}{2}}\right]^2 \|e_k(\cdot,t)\|_{L^2,\lambda}^2 \quad (29)$$

When $\|I-GP\|<1$, there exists larger λ to ensure $\left[\|I-GP\|+\|C\|\left(\dfrac{\|BP\|}{\lambda^\alpha}E_\alpha(ht^\alpha)\right)^{\frac{1}{2}}\right]^2 =$ $\rho<1$, then the further result $\lim\limits_{k\to+\infty}\|e_k(\cdot,t)\|_{L^2,\lambda}^2 =0$ is obtained.

3. Example

For system (1), $Q_k(x,t) = \begin{pmatrix} Q_{1,k}(x,t) \\ Q_{2,k}(x,t) \end{pmatrix}$, matrices $A = \begin{pmatrix} 0.4 & 0.1 \\ 0 & 0.2 \end{pmatrix}$, $B =$

$\begin{pmatrix} 0.3 & 0.2 \\ 0.1 & 0.1 \end{pmatrix}$, $C = \begin{pmatrix} 0.1 & 0 \\ 0 & 0.1 \end{pmatrix}$, $D = \begin{pmatrix} 0.5 & 0.2 \\ 0.2 & 0.5 \end{pmatrix}$, $G = \begin{pmatrix} 1 & 0 \\ 0 & 1 \end{pmatrix}$, $P = \begin{pmatrix} 0.9 & 0.2 \\ 0.3 & 0.9 \end{pmatrix}$, $f(Q_k$

$$(x, t)) = \begin{pmatrix} 0.2\sin(Q_{1,k}(x,t)+0.2Q_{2,k}(x,t)) \\ 0.3\sin(0.1Q_{1,k}(x,t)-0.3Q_{2,k}(x,t)) \end{pmatrix}.$$ We calculate out $M =$

$\begin{pmatrix} 0.2 & 0.035 \\ 0.035 & -0.09 \end{pmatrix}$ and can verify the conditions of the above Theorem are satisfied.

4. Conclusions

In this paper, a new algorithm about the iterative learning control for a kind of nonlinear fractional order distributed parameter differential system is studied on L^2 space.

向量李雅普诺夫函数在迭代学习控制中的应用

The Application of Vector Lyapunov Functions in Iterative Learning Control

1. Preliminaries

Throughout this paper, the $2-$norm for the $n-$ dimensional vector $x = (x_1, x_2, \cdots, x_n)^T$ is defined as $\|x\| = \left(\sum_{i=1}^{n} x_i\right)^{1/2}$, while the $\lambda-$norm for a function is defined as $\|\cdot\|_\lambda = \sup_{t \in [0,T]} \{e^{-\lambda t}\|\cdot\|\}$, where the superscript T represents the transpose and $\lambda > 0$. $|A| = (|a_{ij}|)_{n \times n}$, where $A = (a_{ij})_{n \times n} \in R^{n \times n}$ is a matrix.

Lemma 1: Consider $\sup_{t \in [0,T]} \left\{ e^{-\lambda t} \int_0^t \|x(\tau)\| d\tau \right\} \leq \frac{1}{\lambda} \|x(t)\|_\lambda$.

2. Main results

Consider the following multiple state vector system

$$\dot{x}_k = F(t, x_k, y_k) + u_{x,k}(t)$$

$$z_{x,k}(t) = Cx_k + Du_{x,k}(t)$$

$$u_{x,k+1}(t) = u_{x,k}(t) + Me_{x,k}(t)$$

$$\dot{y}_k = G(t, x_k, y_k) + u_{y,k}(t)$$

$$z_{y,k}(t) = Cy_k + Du_{y,k}(t)$$

$$u_{y,k+1}(t) = u_{y,k}(t) + Me_{y,k}(t) \tag{1}$$

where $x_k, y_k \in R^n$ are the state vectors, $u_{x,k}, u_{y,k} \in R^n$ are input vectors of x_k, y_k, and $z_{x,k}, z_{y,k} \in R^n$ are output vectors of x_k, y_k, respectively. k is the number of iterations, $k \in \{1, 2, 3, \cdots\}$ and $t \in [0, T]$, T is a constant.

Let $e_{x,k}(t) = z_{x,d}(t) - z_{x,k}(t)$, $e_{y,k}(t) = z_{y,d}(t) - z_{y,k}(t)$, where $z_{x,d}(t), z_{y,d}(t)$ are reference outputs of x_k, y_k, respectively. So we have:

$$e_{x,k+1}(t) = z_{x,d}(t) - z_{x,k+1}(t) = z_{x,d}(t) - z_{x,k}(t) + z_{x,k}(t) - z_{x,k+1}(t)$$

$$= e_{x,k}(t) + z_{x,k}(t) - z_{x,k+1}(t)$$

$$e_{y,k+1}(t) = e_{y,k}(t) + z_{y,k}(t) - z_{y,k+1}(t) \tag{2}$$

We define the operator $V: R^n \times R^n \to R^n$ such that:

(1) $V(0,0) = 0$;

(2) $V(x+z, y+w) = V(x,y) + V(z,w)$ for any vectors $x, z, y, w \in R^n$;

(3) there is a constant $\gamma > 0$ such that $V(Cx, Cy) = C^\gamma V(x,y)$ for any vectors x, $y \in R^n$ and matrix $C \in R^{n \times n}$;

(4) the derivative $\dfrac{\partial V}{\partial x}$ and $\dfrac{\partial V}{\partial y}$ of $V(x,y)$ exist, where $x, y \in R^n$.

For the sake of convenient, we denote that the set, whose elements are operators $V: R^n \times R^n \to R^n$ and satisfy the above four conditions, is $\aleph$.

For anyoperator $V \in \aleph$, the following conclusion can be gotten:

$$V(e_{x,k+1}(t), e_{y,k+1}(t)) = V(e_{x,k}(t) + z_{x,k}(t) - z_{x,k+1}(t), e_{y,k}(t) + z_{y,k}(t) - z_{y,k+1}(t))$$

$$= V(e_{x,k}(t), e_{y,k}(t)) + V(z_{x,k}(t) - z_{x,k+1}(t), z_{y,k}(t) - z_{y,k+1}(t))$$

$$= V(e_{x,k}(t), e_{y,k}(t)) + V(C(x_k(t) - x_{k+1}(t)) + D(u_{x,k}(t)$$

$$- u_{x,k+1}(t)), C(y_k(t) - y_{k+1}(t)) + D(u_{y,k}(t) - u_{y,k+1}(t)))$$

$$= V(e_{x,k}(t), e_{y,k}(t)) + C^\gamma V(x_k(t) - x_{k+1}(t), y_k(t) - y_{k+1}(t))$$

$$+ D^\gamma V(u_{x,k}(t) - u_{x,k+1}(t), u_{y,k}(t) - u_{y,k+1}(t))$$

$$= V(e_{x,k}(t), e_{y,k}(t)) + C^\gamma V(x_k(t) - x_{k+1}(t), y_k(t) - y_{k+1}(t))$$

$$-(DM)^{\gamma}V(e_{x,k}(t),e_{y,k}(t))$$

$$=(I-(DM)^{\gamma})V(e_{x,k}(t),e_{y,k}(t))$$

$$+C^{\gamma}V(x_k(t)-x_{k+1}(t),y_k(t)-y_{k+1}(t)) \tag{3}$$

where I is identical matrix. In fact:

$$z_{x,k}(t)-z_{x,k+1}(t)=C(x_{x,k}(t)-x_{k+1}(t)+D(u_{x,k}(t)-u_{x,k+1}(t)))$$

$$z_{y,k}(t)-z_{y,k+1}(t)=C(y_{y,k}(t)-y_{k+1}(t)+D(u_{y,k}(t)-u_{y,k+1}(t)))$$

$$u_{x,k}(t)-u_{x,k+1}(t)=-Me_{x,k}(t),u_{y,k}(t)-u_{y,k+1}(t)=-Me_{y,k}(t) \tag{4}$$

Then from (3) we can obtain that:

$$\|V(e_{x,k+1}(t),e_{y,k+1}(t))\| \leqslant \|I-(DM)^{\gamma}\| \cdot \|V(e_{x,k}(t),e_{y,k}(t))\|$$

$$+\|C^{\gamma}\| \cdot \|V(x_k(t)-x_{k+1}(t)),y_k(t)-y_{k+1}(t)\| \tag{5}$$

For $\|V(x_k(t)-x_{k+1}(t)),y_k(t)-y_{k+1}(t))\|$ in (5), we have:

$$\frac{de^{rt}V(x_k(t)-x_{k+1}(t),y_k(t)-y_{k+1}(t))}{dt}=re^{rt}V(x_k(t)-x_{k+1}(t),y_k(t)-y_{k+1}(t))+e^{rt}$$

$$\left(\frac{\partial V}{\partial(x_k(t)-x_{k+1}(t))} \cdot \frac{d(x_k(t)-x_{k+1}(t))}{dt}\right)+e^{rt}\left(\frac{\partial V}{\partial(y_k(t)-y_{k+1}(t))} \cdot \frac{d(y_k(t)-y_{k+1}(t))}{dt}\right)$$

$$=re^{rt}V(x_k(t)-x_{k+1}(t),y_k(t)-y_{k+1}(t))$$

$$+e^{rt}\left(\frac{\partial V}{\partial(x_k(t)-x_{k+1}(t))} \cdot (F(t,x_k,y_k)-F(t,x_{k+1},y_{k+1}))\right)$$

$$+e^{rt}\left(\frac{\partial V}{\partial(y_k(t)-y_{k+1}(t))} \cdot (G(t,x_k,y_k)-G(t,x_{k+1},y_{k+1}))\right)$$

$$+e^{rt}\left(\frac{\partial V}{\partial(x_k(t)-x_{k+1}(t))} \cdot (-Me_{x,k})\right)+e^{rt}\left(\frac{\partial V}{\partial(y_k(t)-y_{k+1}(t))} \cdot (-Me_{y,k})\right)$$

$$=re^{rt}V_k(t)+e^{rt}(V_{x,k}(t) \cdot f_k(t)+V_{y,k}(t) \cdot g_k(t))$$

$$-e^{rt}(V_{x,k}(t) \cdot Me_{x,k}+V_{y,k}(t) \cdot Me_{y,k}) \tag{6}$$

where $V(x_k(t)-x_{k+1}(t),y_k(t)-y_{k+1}(t))=V_k(t)$, $\dfrac{\partial V_k}{\partial(x_k(t)-x_{k+1}(t))}=V_{x,k}$,

$\dfrac{\partial V_k}{\partial(y_k(t)-y_{k+1}(t))}=V_{y,k},F(t,x_k,y_k)-F(t,x_{k+1},y_{k+1})=f_k(t),G(t,x_k,y_k)-F(t,x_{k+1},$

$y_{k+1})=g_k(t)$.

we integrate $e^{rt}V_k(t)$ with respect to t and obtain:

$$e^{rt}V_k(t) = e^{rs}V_k(s) + \int_s^t [re^{rp}V_k(\rho) + e^{ru}(V_{x,k}(\rho)\cdot f_k(\rho) + V_{y,k}(\rho)\cdot g_k(\rho))]d\rho$$
$$- \int_s^t e^{rp}(V_{x,k}(\rho)\cdot Me_{x,k} + V_{y,k}(\rho)\cdot Me_{y,k})d\rho$$

$$e^{rt}\|V_k(t)\| = e^{rs}\|V_k(s)\| + \int_s^t e^{rp}\|rV_k(\rho) + (V_{x,k}(\rho)\cdot f_k(\rho) + V_{y,k}(\rho)\cdot g_k(\rho))\|d\rho$$
$$+ \int_s^t e^{rp}\|V_{x,k}(\rho)\cdot Me_{x,k} + V_{y,k}(\rho)\cdot Me_{y,k}\|d\rho$$

$$re^{rt}\|V_k(t)\| + e^{rt}\|V_k(t)\|_t' = e^{rt}\|rV_k(t) + (V_{x,k}(t)\cdot f_k(t) + V_{y,k}(t)\cdot g_k(t))\|$$
$$+ e^{rt}\|V_{x,k}(t)\cdot Me_{x,k} + V_{y,k}(t)\cdot Me_{y,k}\| \tag{7}$$

If there exists a constant ϖ such that:

$$\|V_{x,k}(t)\cdot Me_{x,k} + V_{y,k}(t)\cdot Me_{y,k}\| \leq \varpi \|V(e_{x,k}(t),e_{y,k}(t))\| \tag{8}$$

the following conclusion:

$$\|V_k(t)\|_t' \leq \|rV_k(t) + (V_{x,k}(t)\cdot f_k(t) + V_{y,k}(t)\cdot g_k(t))\| - r\|V_k(t)\|$$
$$+ \varpi \|V(e_{x,k}(t),e_{y,k}(t))\| \tag{9}$$

is true.

It is easy to prove that $\|rV_k(t) + (V_{x,k}(t)\cdot f_k(t) + V_{y,k}(t)\cdot g_k(t))\| - r$ $\|V_k(t)\|$ is monotonically decreasing on $r,$ thus the limit $\lim\limits_{r\to+\infty}$ $\|rV_k(t) + (V_{x,k}(t)\cdot f_k(t) + V_{y,k}(t)\cdot g_k(t))\| - r\|V_k(t)\|)$ exists. From 2-norm of the n-dimensional vector, we obtain:

$$\lim_{r\to+\infty}(\|rV_k(t) + (V_{x,k}(t)\cdot f_k(t) + V_{y,k}(t)\cdot g_k(t))\| - r\|V_k(t)\|)$$
$$= \frac{(V_{x,k}(t)\cdot f_k(t) + V_{y,k}(t)\cdot g_k(t))^T V_k(t)}{\|V_k(t)\|} = h_k(t)\|V_k(t)\|_t' \leq h_k(t)$$
$$+ \varpi \|V(e_{x,k}(t),e_{y,k}(t))\| \tag{10}$$

Based on the above calculation, the following theorem is obtained.

Theorem 1: If the system (1) and the operator $V\in \aleph$ satisfy the condition (8), then the conclusions (5) and (10) are true.

Corollary 1: when $x_k(t)\in R^n$, $y_k(t)\in R^m$, and $n>m$, let:

$$y_k(t)\to \begin{pmatrix} y_k(t) \\ 0_{n-m} \end{pmatrix} = \tilde{y}_k(t), G(t,x_k(t),y_k(t))\to \begin{pmatrix} G(t,x_k(t),\tilde{y}_k(t)) \\ 0_{n-m} \end{pmatrix} = \tilde{G}(t,x_k$$
$$(t),\tilde{y}_k(t)) \tag{11}$$

then one obtains the similar result with above Theorem.

Remark: When there are three parts x_k, y_k, z_k about the multiple state vector system (1), we can construct $V(e_{x,k}(t), e_{y,k}(t), e_{z,k}(t)) \in \aleph$ and imitate the above proof to get the similar conclusion with Theorem 1.

Corollary 2: For system (1), taking $V(e_{x,k}(t), e_{y,k}(t)) = \alpha e_{x,k}(t) + \beta e_{y,k}(t), V(x_k(t) - x_{k+1}(t), y_k(t) - y_{k+1}(t)) = \alpha(x_k(t) - x_{k+1}(t)) + \beta(y_k(t) - y_{k+1}(t))$, the following results are drawn:

$$\| \alpha e_{x,k+1}(t) + \beta e_{y,k+1}(t) \| \leq \| I - DM \| \| \alpha e_{x,k}(t) + \beta e_{y,k}(t) \|$$
$$+ \| C \| \| \alpha(x_k - x_{k+1}) + \beta(y_k - y_{k+1}) \| \tag{12}$$

$$\| p_k(t) \|_t' \leq \frac{p_K^T(t) q_k(t)}{\| p_K(t) \|} + \| M \| \| \alpha e_{x,k}(t) + \beta e_{y,k}(t) \| \tag{13}$$

where $p_k(t) = \alpha(x_k - x_{k+1}) + \beta(y_k - y_{k+1}), q_k(t) = \alpha[F(t, x_k, y_k)$
$- F(t, x_{k+1}, y_{k+1})] + \beta[G(t, x_k, y_k) - G(t, x_{k+1}, y_{k+1})].$

In fact,

$$\alpha e_{x,k+1}(t) + \beta e_{y,k+1}(t) = \alpha e_{x,k}(t) + \beta e_{y,k}(t) + \alpha(z_{x,k} - z_{x,k+1}) + \beta(z_{y,k} - z_{y,k+1})$$
$$= (\alpha e_{x,k}(t) + \beta e_{y,k}(t)) + \alpha[C(x_k - x_{k+1}) + D(u_{x,k} - u_{x,k+1})]$$
$$+ \beta[C(y_k - y_{k+1}) + D(u_{y,k} - u_{y,k+1})]$$
$$= (I - DM)(\alpha e_{x,k}(t) + \beta e_{y,k}(t)) + C[\alpha(x_k - x_{k+1}) + \beta(y_k - y_{k+1})] \tag{14}$$

Imitating the inference of (10), we have:

$$\frac{de^{rt}p_k(t)}{dt} = re^{rt}p_k(t) + e^{rt}q_k(t) - e^{rt}M[\alpha e_{x,k}(t) + \beta e_{y,k}(t)]$$

$$e^{rt}p_k(t) = e^{rs}p_k(s) + \int_s^t e^{ru}[rp_k(u) + q_k(u) - M(\alpha e_{x,k}(u) + \beta e_{y,k}(u))]du$$

$$e^{rt}\|p_k(t)\| \leq e^{rs}\|pk(s)\| + \int_s^t e^{ru}\|rp_k(u) + q_k(u)\|du + \int_s^t \|M\|\|\alpha e_{x,k}(u) + \beta e_{y,k}(u)\|du$$

$$e^{rt}\|p_k(t)\|_t' \leq e^{rt}[\|rp_k(t) + q_k(t)\| + \|M\|\|\alpha e_{x,k}(t) + \beta e_{y,k}(t)\|] - re^{rt}\|p_k(t)\| \tag{15}$$

Going on to the next item, we will infer the important conclusion of this paper. Conditions (A), (B) are satisfied if the following conditions hold:

(A) The operator $V_{k,i}(t) \in \aleph, i = 1, 2$. There exist functions $p_{ji}(t), i, j = 1, 2$,

and such that $\dfrac{(V_{x,k,i}(t) \cdot f_k(t) + V_{y,k,i}(t) \cdot g_k(t))^T V_{k,i}(t)}{\| V_{k,i}(t) \| \cdot \| V_{k,j}(t) \|} \leq p_{ji}(t)$

（B）$\|V_{x,k,j}(t) \cdot Me_{x,k} + V_{y,k,i}(t) \cdot Me_{y,k}\| \leqslant \varpi_{i1}\|V_1(e_{x,k}(t), e_{y,k}(t))\| + \varpi_{i2}$

$\|V_2(e_{x,k}(t), e_{y,k}(t))\|$, where ϖ_{ij} are constants.

Theorem 2：Suppose the operator F, G in system（1）satisfy $F(t,0,0) = G(t, 0, 0) = 0$. There are operators $V_{k,i}(t) \in \aleph$, $V_i(e_{x,k}(t), e_{y,k}(t)), i = 1, 2$, such that conditions（A）,（B）, and

$$V_i(e_{x,k}(t), e_{y,k}(t)) = 0 \text{ if and only if } e_{x,k}(t) = e_{y,k}(t) = 0 \tag{16}$$

If there exists a constant $\lambda > 0$ such that initial state vector $x_k(0) - x_{k+1}(0) = 0, y_k(0) - y_{k+1}(0) = 0$, and：

$$\lim_{k \to +\infty} Q^k(t) = \begin{pmatrix} 0 & 0 \\ 0 & 0 \end{pmatrix} \tag{17}$$

where $Q(t) = \begin{pmatrix} \|I-(DM)^\gamma\| & 0 \\ 0 & \|I-(DM)^\gamma\| \end{pmatrix} + \begin{pmatrix} \|C^\gamma\| & 0 \\ 0 & \|C^\gamma\| \end{pmatrix} \cdot |\Phi(t)| \cdot \frac{B(t)}{\lambda}$, $\Phi(t)$ is a

basic solution matrix of the system $\begin{pmatrix} \|V_{k,1}(t)\| \\ \|V_{k,2}(t)\| \end{pmatrix}_t' \leqslant \begin{pmatrix} p_{11}(t) & p_{12}(t) \\ p_{21}(t) & p_{22}(t) \end{pmatrix} \begin{pmatrix} \|V_{k,1}(t)\| \\ \|V_{k,2}(t)\| \end{pmatrix}$, $B(t) =$

$\Phi^{-1}(t) \begin{pmatrix} \varpi_{11} & \varpi_{12} \\ \varpi_{21} & \varpi_{22} \end{pmatrix}$, then the system（1）can guarantee that $z_{x,k}(t), z_{y,k}(t)$ can track $z_{x,d}$

$(t), z_{y,d}(t)$, respectively.

Proof：From conditions（A）,（B）and the above inference, we can obtain：

$$\begin{pmatrix} \|V_{k,1}(t)\| \\ \|V_{k,2}(t)\| \end{pmatrix}_t' \leqslant \begin{pmatrix} p_{11}(t) & p_{12}(t) \\ p_{21}(t) & p_{22}(t) \end{pmatrix} \begin{pmatrix} \|V_{k,1}(t)\| \\ \|V_{k,2}(t)\| \end{pmatrix} + \begin{pmatrix} \varpi_{11} & \varpi_{12} \\ \varpi_{21} & \varpi_{22} \end{pmatrix} \begin{pmatrix} \|V_1(e_{x,k}(t), e_{y,k}(t))\| \\ \|V_2(e_{x,k}(t), e_{y,k}(t))\| \end{pmatrix}$$

$$\tag{18}$$

From（1）~（10）and（18）, the following conclusion：

$$\begin{pmatrix} \|V_{k,1}(t)\| \\ \|V_{k,2}(t)\| \end{pmatrix} \leqslant \Phi(t) \cdot \int_0^t \Phi^{-1}(\rho) \begin{pmatrix} \varpi_{11} & \varpi_{12} \\ \varpi_{21} & \varpi_{22} \end{pmatrix} \begin{pmatrix} \|V_1(e_{x,k}(t), e_{y,k}(\rho))\| \\ \|V_2(e_{x,k}(t), e_{y,k}(\rho))\| \end{pmatrix} d\rho \tag{19}$$

is true because $x_k(0) - x_{k+1}(0) = 0, y_k(0) - y_{k+1}(0) = 0$.

$$\begin{pmatrix} \|V_1(e_{x,k+1}(t), e_{y,k+1}(t))\| \\ \|V_2(e_{x,k+1}(t), e_{y,k+1}(t))\| \end{pmatrix} \leqslant \begin{pmatrix} \|I-(DM)^\gamma\| & 0 \\ 0 & \|I-(DM)^\gamma\| \end{pmatrix} \begin{pmatrix} \|V_1(e_{x,k}(t), e_{y,k}(t))\| \\ \|V_2(e_{x,k}(t), e_{y,k}(t))\| \end{pmatrix} +$$

$$\begin{pmatrix} \|C^\gamma\| & 0 \\ 0 & \|C^\gamma\| \end{pmatrix} \cdot \Phi(t) \cdot \int_0^t \Phi^{-1}(\rho) \begin{pmatrix} \varpi_{11} & \varpi_{12} \\ \varpi_{21} & \varpi_{22} \end{pmatrix} \begin{pmatrix} \|V_1(e_{x,k}(\rho), e_{y,k}(\rho))\| \\ \|V_2(e_{x,k}(\rho), e_{y,k}(\rho))\| \end{pmatrix} d\rho \tag{20}$$

Taking λ-norm, we have:

$$
\begin{pmatrix} \|V_1(e_{x,k+1}(t),e_{y,k+1}(t))\|_\lambda \\ \|V_2(e_{x,k+1}(t),e_{y,k+1}(t))\|_\lambda \end{pmatrix} \leq \begin{pmatrix} \|E-(DM)^\gamma\| & 0 \\ 0 & \|E-(DM)^\gamma\| \end{pmatrix} \begin{pmatrix} \|V_1(e_{x,k}(t),e_{y,k}(t))\|_\lambda \\ \|V_2(e_{x,k}(t),e_{y,k}(t))\|_\lambda \end{pmatrix} +
$$

$$
\begin{pmatrix} \|C^\gamma\| & 0 \\ 0 & \|C^\gamma\| \end{pmatrix} \cdot |\Phi(t)| \cdot \frac{B(t)}{\lambda} \begin{pmatrix} \|V_1(e_{x,k}(t),e_{y,k}(t))\|_\lambda \\ \|V_2(e_{x,k}(t),e_{y,k}(t))\|_\lambda \end{pmatrix}
$$

$$
= Q(t) \cdot \begin{pmatrix} \|V_1(e_{x,k}(t),e_{y,k}(t))\|_\lambda \\ \|V_2(e_{x,k}(t),e_{y,k}(t))\|_\lambda \end{pmatrix} \tag{21}
$$

when the condition (17) holds, we have $\lim\limits_{k\to+\infty} \begin{pmatrix} \|V_1(e_{x,k}(t),e_{y,k}(t))\|_\lambda \\ \|V_2(e_{x,k}(t),e_{y,k}(t))\|_\lambda \end{pmatrix} = \begin{pmatrix} 0 \\ 0 \end{pmatrix}$. That

implies $\lim\limits_{k\to+\infty} \|V_j(e_{x,k}(t),e_{y,k}(t))\|_\lambda = 0, j=1,2, \lim\limits_{k\to+\infty} \|V_j(e_{x,k}(t),e_{y,k}(t))\| = 0$, i. e.

$\lim\limits_{k\to+\infty} e_{x,k}(t) = 0, \lim\limits_{k\to+\infty} e_{y,k}(t) = 0$, from the condition (16).

Corollary 3: Suppose the operator F,G in system (1) satisfy $F(t,0,0)=G(t,$

$0,0)=0$. There are operators $V_i(e_{x,k}(t),e_{y,k}(t)) = \alpha_i e_{x,k}(t) + \beta_i e_{y,k}(t), i=1,2,$

such that conditions (A), and:

$\alpha_i e_{x,k}(t) + \beta_i e_{y,k}(t) = 0, i=1,2$, if and only if $e_{x,k}(t) = e_{y,k}(t) = 0$.

If there exists a constant $\lambda > 0$ such that initial state vector $x_k(t) - x_{k+1}(t) = 0, y_k(t) -$

$y_{k+1}(t) = 0$, and:

$$
\lim\limits_{k\to+\infty} Q^k(t) = \begin{pmatrix} 0 & 0 \\ 0 & 0 \end{pmatrix} \tag{22}
$$

where $Q(t) = \begin{pmatrix} \|I-(DM)^\gamma\| & 0 \\ 0 & \|I-(DM)^\gamma\| \end{pmatrix} + \begin{pmatrix} \|C^\gamma\| & 0 \\ 0 & \|C^\gamma\| \end{pmatrix} \cdot |\Phi(t)| \cdot \frac{B(t)}{\lambda}, \Phi(t)$ is

a basic solution matrix of the system $\begin{pmatrix} \|V_{k,1}(t)\| \\ \|V_{k,2}(t)\| \end{pmatrix}'_t \leq \begin{pmatrix} p_{11}(t) & p_{12}(t) \\ p_{21}(t) & p_{22}(t) \end{pmatrix} \begin{pmatrix} \|V_{k,1}(t)\| \\ \|V_{k,2}(t)\| \end{pmatrix}, B(t) =$

$|\Phi^{-1}(t)|$, then the system (1) can guarantee that $z_{x,k}(t), z_{y,k}(t)$ can track $z_{x,d}(t)$,

$z_{y,d}(t)$, respectively.

3. Example

Considering the system:

$$
\dot{x}_k = 0.2e^{-t}x_k + 0.3y_k\sin t + u_{x,k}
$$

$$z_{x,k} = 0.03x_k + 0.3u_{x,k}$$

$$u_{x,k+1} = u_{x,k} + 3e_{x,k}$$

$$\dot{y}_k = 0.3x_k\sin t + 0.2e^{-t}y_k + u_{y,k}$$

$$z_{y,k} = 0.03y_k + 0.3u_{y,k}$$

$$u_{y,k+1} = u_{y,k} + 3e_{y,k} \tag{23}$$

We take $T = 3$, that is $t \in [0,3]$, and $z_{x,d}(t) = \sin t$, $z_{y,d}(t) = \cos t$. It is easy to verify this example satisfies the conditions of Theorem 2 when $V_1(e_{x,k}(t), e_{y,k}(t)) = (e_{y,k}(t) + e_{y,k}(t))^2$, $V_2(e_{x,k}(t), e_{y,k}(t)) = (e_{x,k}(t) - e_{y,k}(t))^2$, and satisfies the conditions of Corollary 3 when $V_1(e_{x,k}(t), e_{y,k}(t)) = \alpha e_{x,k}(t) + \beta e_{y,k}(t)$, $V_2(e_{x,k}(t), e_{y,k}(t)) = \beta e_{x,k}(t) + \alpha e_{y,k}(t)$. In following Fig. 1 and Fig. 2, the output errors $e_{x,k}(t)$, $e_{y,k}(t)$ are exhibited at iteration $k = 4, k = 5$, respectively.

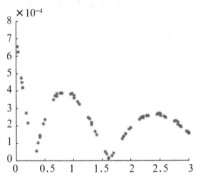

Fig. 1(1) Error $e_{x,k}(t)$ after iteration 4　　　Fig. 1(2) Error $e_{y,k}(t)$ after iteration 4

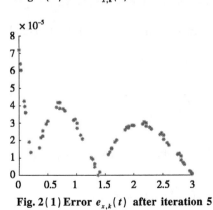

Fig. 2(1) Error $e_{x,k}(t)$ after iteration 5

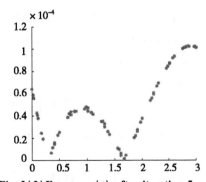

Fig. 2(2) Error $e_{y,k}(t)$ after iteration 5

4. conclusion

In this paper, considering the iterative learning control problem for a class of systems, and combining with vector Lyapunov function, the novel controllers, which can guarantee the robust convergence of the tracking error, are designed. From Fig. 1and Fig. 2 of the given example, we find that the output errors $e_{x,k}(t)$, $e_{y,k}(t)$ downsize almost 10 times from iteration 4 to iteration 5. So it is made known that the proposed method is effective.

迭代学习控制中初值状态误差对非线性时滞系统的影响

The Effect of Initial State Error for Nonlinear Systems with Delay via Iterative Learning Control

1. Preliminaries

Throughout this paper, the 2-norm for the n-dimensional vector $x = (x_1, x_2, \cdots, x_n)^T$ is defined as $\|x\| = (\sum\limits_{i=1}^{n} x_i^2)^{1/2}$, while the λ-norm for a function is defined as $\| \cdot \|_\lambda = \sup\limits_{t \in [0,T]} \{ e^{-\lambda t} \| \cdot \| \}$, where the superscript T represents the transpose and $\lambda > 0$. I and 0 represent the identity matrix and a zero matrix, respectively.

Lemma 1 : Consider,

$$\sup_{t \in [0,T]} \left\{ e^{-\lambda t} \int_0^t \| x(\tau) \| d\tau \right\} \leqslant \frac{1}{\lambda} \| x(t) \|_\lambda \qquad (1)$$

Lemma 2 (retarded Gronwall-like inequality) : Consider such an inequality,

$$u(t) \leqslant a(t) + \sum_{i=1}^{n} \int_{b_i(t_0)}^{b_i(t)} f_i(t,s) w_i(u(s)) ds, t_0 \leqslant t < t_1 \qquad (2)$$

and suppose that,

(1) all w_i ($i = 1, 2, \cdots, n$) are continuous and non-decreasing functions on $[0, +\infty)$ and are positive on $(0, +\infty)$ such that $w_1 \propto w_2 \propto \cdots \propto w_n$;

(2) $a(t)$ is continuously differentiable in t and nonnegative on $[t_0, t_1)$, where t_0, t_1 are constants and $t_0 < t_1$;

(3) all $b_i : [t_0, t_1) \to [t_0, t_1)$ ($i = 1, 2, \cdots, n$) are continuously differentiable and non-decreasing such that $b_i(t) < t$ on $[t_0, t_1)$;

(4) all $f_i(t, s)$, $i = 1, 2, \cdots, n$, are continuous and nonnegative functions on $[t_0, t_1) \times [t_0, t_1)$.

Take the notation $W_i(s, s_0) := \int_{s_0}^{s} (dz/w_i(z)) dz$ for $s > 0$, where $s_0 > 0$ is a given constant. It is denoted by $W_i(s)$ simply when there is no confusion. If $u(t)$ is a continuous and nonnegative function on $[t_0, t)$ satisfying (2), then:

$$u(t) \leqslant W_n^{-1} \left[W_n(r_n(t)) + \int_{b_n(t_0)}^{b_n(t)} \max_{t_0 \leqslant \tau < t} f_n(\tau, s) ds \right], t_0 \leqslant t \leqslant T \qquad (3)$$

where $r_n(t)$ is determined recursively by:

$$r_1(t) := a(t_0) + \int_{t_0}^{t} |a'(s)| ds$$

$$r_{i+1}(t) := W_i^{-1} \left[W_i(r_i(t)) + \int_{b_n(t_0)}^{b_n(t)} \max_{t_0 \leqslant \tau < t} f_n(\tau, s) ds \right], i = 1, 2, \cdots, n-1 \qquad (4)$$

$T < t_1$ and T is the largest number such that:

$$W_i(r_i(T)) + \int_{b_n(t_0)}^{b_n(t)} \max_{t_0 \leqslant \tau < t} f_n(\tau, s) ds \leqslant \int_{s_0}^{+\infty} \frac{dz}{W_i(z)}, i = 1, 2, \cdots, n \qquad (5)$$

2. Main Results

Consider the following system with time delay:

$$\dot{x}_k(t) = f(t, x_k(t)) + g(t, x_k(t-\tau)) + u_k(t)$$

$$u_{k+1}(t) = u_k(t) + Me_k(t) - \Psi_{k,h}(t)(x_{k+1}(0) - x_k(0))$$

$$y_k(t) = Cx_k(t) + Du_k(t) - \varphi_{k,h}(t)$$

$$\varphi_{k+1,h}(t)=\varphi_{k,h}(t)-D\Psi_{k,h}(t)(x_{k+1}(0)-x_k(0)) \tag{6}$$

where $x_k(t)\in R^n$, $y_k(t)\in R^n$, and $u_k(t)\in R^n$ are the state vector, output vector, and input vector, respectively. k is the number of iterations, $k\in\{1,2,3,\cdots\}$ and $t\in[0,T]$. $\int_0^t\Psi_{k,h}(\theta)d\theta=1$, $(t\geqslant h)$, M,C,D are real constant matrices; $e_k(t)=y_d(t)-y_k(t)$, $y_d(t)$ is a reference output.

Suppose that there exist the bounded constants $l_f>0$ and $l_g>0$ such that:

$$\|f(t,x_{k+1}(t))-f(t,x_k(t))\|\leqslant l_f\|x_{k+1}(t)-x_k(t)\|$$

$$\|g(t,x_{k+1}(t-\tau))-g(t,x_k(t-\tau))\|\leqslant l_g\|x_{k+1}(t-\tau)-x_k(t-\tau)\| \tag{7}$$

Theorem 1: For system (6) and a given reference $y_d(t)$, if there exist matrices M, C, D and functions $\Psi_{k,h}(t)$ and $\varphi_{k,h}(t)$ such that:

$$\|I-DM\|\leqslant\rho<1 \tag{8}$$

where ρ is a constant, then systems (8) with the iterative learning control law can guarantee that $\|y_d(t)-y_k(t)\|$ is bounded but $y_k(t)$ cannot track $y_d(t)$ on $t\in[0,h]$ and $\lim\limits_{k\to\infty}y_k(t)=y_d(t)$ on $t\in[h,T]$ for arbitrary initial $x_k(0)$.

Proof: It is easy to know that, for any $t\in[h,T]$,

$$x_{k+1}(t)-x_k(t)=\int_0^t(\dot{x}_{k+1}(\theta)-\dot{x}_k(\theta))d\theta+x_{k+1}(0)-x_k(0)$$

$$=\int_0^t(f(\theta,x_{k+1}(\theta))-f(\theta,x_k(\theta)))d\theta+\int_0^t(g(\theta,x_{k+1}(\theta-\tau))$$

$$-g(\theta,x_k(\theta-\tau)))d\theta+\int_0^t(u_{k+1}(\theta)-u_k(\theta))d\theta+x_{k+1}(0)-x_k(0)$$

$$=\int_0^t(f(\theta,x_{k+1}(\theta))-f(\theta,x_k(\theta)))d\theta+\int_0^t(g(\theta,x_{k+1}(\theta-\tau))$$

$$-g(\theta,x_k(\theta-\tau)))d\theta+\int_0^t(Me_k(\theta))d\theta-(x_{k+1}(0)$$

$$-x_k(0))\left(\int_0^t\Psi_{k,h}(\theta)d\theta-1\right)$$

$$= \int_0^t (f(\theta, x_{k+1}(\theta)) - f(\theta, x_k(\theta))) d\theta$$

$$+ \int_0^t (g(\theta, x_{k+1}(\theta - \tau)) - g(\theta, x_k(\theta - \tau))) d\theta + \int_0^t (Me_k(\theta)) d\theta \quad (9)$$

So we obtain from condition (7):

$$\|x_{k+1}(t) - x_k(t)\| \leqslant l_f \int_0^t \|x_{k+1}(\theta) - x_k(\theta)\| d\theta + l_g \int_{0-\tau}^{t-\tau} \|x_{k+1}(\theta) - x_k(\theta)\| d\theta$$

$$+ \int_0^t (\|M\| \|e_k(\theta)\|) d\theta \quad (10)$$

In this paper, we use Lemma 2. Taking:

$$t_0 = 0, b_1(t) = t, b_2(t) = t - \tau, a(t) = \int_0^t (\|M\| \|e_k(\theta)\|) d\theta, W_1(s) = l_f \int_1^s (dz/z) = l_f \ln s,$$

$$W_2(s) = l_g \int_1^s (dz/z) = l_g \ln s, r_1(t) = \int_0^t (\|M\| \|e_k(\theta)\|) d\theta,$$

$$r_2(t) = \exp\left[\ln\left(\int_0^t (\|M\| \|e_k(\theta)\|) d\theta\right) + \int_0^t (l_g/l_f) d\theta\right] = e^{(l_g/l_f)t} \cdot \int_0^t (\|M\| \|e_k(\theta)\|) d\theta.$$

So we have:

$$\|x_{k+1}(t) - x_k(t)\| \leqslant \exp\left[\ln\left(e^{(l_g/l_f)t} \int_0^t \|M\| \|e_k(\theta)\| d\theta\right) + \int_{0-\tau}^{t-\tau} d\theta\right]$$

$$= e^{(1+l_g/l_f)t} \int_0^t \|M\| \|e_k(\theta)\| d\theta$$

$$e_{k+1}(t) = e_k(t) + y_k(t) - y_{k+1}(t)$$

$$= e_k(t) + Cx_k(t) + Du_k(t) - \varphi_{k,h}(t) - Cx_{k+1}(t) - Du_{k+1}(t) + \varphi_{k+1,h}(t)$$

$$= e_k(t) - C(x_{k+1}(t) - x_k(t)) - D(u_{k+1}(t) - u_k(t)) + (\varphi_{k+1,h}(t) - \varphi_{k,h}(t))$$

$$= e_k(t) - C(x_{k+1}(t) - x_k(t)) - DMe_k(t) + D\Psi_{k,h}(t)(x_{k+1}(0) - x_k(0))$$

$$+ (\varphi_{k+1,h}(t) - \varphi_{k,h}(t))$$

$$= (I - DM)e_k(t) - C(x_{k+1}(t) - x_k(t)) \quad (11)$$

$$\|e_{k+1}(t)\| \leqslant \|I - DM\| \|e_k(t)\| + \|C\| \|x_{k+1}(t) - x_k(t)\|$$

$$\leqslant \|I - DM\| \|e_k(t)\| + \|C\| e^{(1+l_g/l_f)T} \cdot \int_0^t \|M\| \|e_k(\theta)\| d\theta$$

$$(12)$$

Using Lemma 1 and multiplying both sides of the above inequality (12) by $e^{-\lambda t}$ and taking the λ-norm, we have:

$$\| e_{k+1}(t) \|_{\lambda} \leqslant \| I-DM \| \| e_k(t) \|_{\lambda} + \frac{\| C \| \| M \| e^{(1+l_g/l_f)T}}{\lambda} \| e_k(t) \|_{\lambda}$$

$$= \left(\| I-DM \| + \frac{\| C \| \| M \| e^{(1+l_g/l_f)T}}{\lambda} \right) \| e_k(t) \|_{\lambda} \tag{13}$$

Thus, condition (8) can guarantee $\left(\| I-DM \| + \dfrac{\| C \| \| M \| e^{(1+l_g/l_f)T}}{\lambda} \right) < 1$ by selec-

ting λ sufficiently large, so we have $\lim\limits_{k \to \infty} \| e_k(t) \|_{\lambda} = 0$ for any $t \in [h,T]$. It follows from the equivalence of norms; we get that $\lim\limits_{k \to \infty} \| e_k(t) \| = 0$.

For any $t \in [0,h]$,

$$x_{k+1}(t) - x_k(t) = \int_0^t (f(\theta,x_{k+1}(\theta)) - f(\theta,x_k(\theta))) d\theta + \int_0^t (g(\theta,x_{k+1}(\theta - \tau))$$

$$-g(\theta,x_k(\theta-\tau))) d\theta + \int_0^t (Me_k(\theta)) d\theta - (x_{k+1}(0)$$

$$- x_k(0)) \left(\int_0^t \Psi_{k,h}(\theta) d\theta - 1 \right)$$

$$\| x_{k+1}(t) - x_k(t) \| \leqslant l_f \int_0^t \| x_{k+1}(\theta) - x_k(\theta) \| d\theta + l_g \int_{0-\tau}^{t-\tau} \| x_{k+1}(\theta) - x_k(\theta) \| d\theta$$

$$+ \int_0^t (\| M \| \| e_k(\theta) \|) \, d\theta + \| x_{k+1}(0) - x_k(0) \| \left\| \int_0^t \Psi_{k,h}(\theta) d\theta - 1 \right\|$$

$$\leqslant l_f \int_0^t \| x_{k+1}(\theta) - x_k(\theta) \| d\theta + l_g \int_{0-\tau}^{t-\tau} \| x_{k+1}(\theta) - x_k(\theta) \| d\theta$$

$$+ \int_0^t (\| M \| \| e_k(\theta) \|) \, d\theta + \eta \tag{14}$$

where $\eta = \sup\limits_{t \in [0,h]} \left(\| x_{k+1}(0) - x_k(0) \| \left\| \int_0^t \Psi_{k,h}(\theta) d\theta - 1 \right\| \right)$.

It is easy to know that:

$$\| x_{k+1}(t) - x_k(t) \| \leqslant e^{(1+l_g/l_f)t} \left(\int_0^t (\| M \| \| e_k(\theta) \|) \, d\theta + \eta \right) \tag{15}$$

by using Lemma 2.

Then:

$$\|e_{k+1}(t)\| \leq \|I - DM\|\|e_k(t)\| + \|C\|\|x_{k+1}(t) - x_k(t)\|$$

$$\leq \|I - DM\|\|e_k(t)\| + \|C\|e^{(1+l_g/l_f)T}\left(\int_0^t (\|M\|\|e_k(\theta)\|)\,d\theta + \eta\right)$$

$$(16)$$

Using Lemma 1 and multiplying both sides of the above inequality by $e^{-\lambda t}$ and taking the λ-norm, we have:

$$\|e_{k+1}(t)\|_\lambda \leq \left(\|I-DM\| + \frac{\|C\|\|M\|e^{(1+l_g/l_f)T}}{\lambda}\right)\|e_k(t)\|_\lambda + \eta$$

$$= \sigma\|e_k(t)\|_\lambda + \eta \qquad (17)$$

where $\sigma = \|I-DM\| + \dfrac{\|C\|\|M\|e^{(1+l_g/l_f)T}}{\lambda}$.

$$\|e_{k+1}(t)\|_\lambda + \frac{\eta}{\sigma-1} \leq \sigma\left(\|e_k(t)\|_\lambda + \frac{\eta}{\sigma-1}\right) \qquad (18)$$

Imitating the above proof, the result $\lim\limits_{k\to\infty}\left(\|e_k(t)\|_\lambda + \dfrac{\eta}{\sigma-1}\right) = 0$ for any $t \in [0,h]$ is obtained selecting λ sufficiently large, so it is true that $\|e_k(t)\|_\lambda$ is bounded on $t \in [0,h]$.

Remark: When the number of iteration $k\to\infty$ and $[h,T]\to[0,T]$ the tracking error satisfies that $\|e_k(t)\|\to0$ on $t \in [0,T]$ for arbitrary initial state $x_k(0)$.

System (6) is:

$$\dot{x}_k(t) = f(t,x_k(t)) + g(t,x_k(t-\tau(t))) + u_k(t)$$

$$u_{k+1}(t) = u_k(t) + M(t)e_k(t) - \Psi_{k,h}(t)(x_{k+1}(0) - x_k(0))$$

$$y_k(t) = C(t)x_k(t) + D(t)u_k(t) - \varphi_{k,h}(t)$$

$$\varphi_{k+1,h}(t) = \varphi_{k,h}(t) - D(t)\Psi_{k,h}(t)(x_{k+1}(0) - x_k(0)) \qquad (19)$$

where the delay $\tau(t)$ satisfies $0 < \dot{\tau}(t) \leq \gamma < 1$.

Similar to the proof of Theorem 1, inequality (14) is written as:

$$\|e_{k+1}(t)\| \leq \|I - D(t)M(t)\|\|e_k(t)\| + \|C(t)\|\|M\|e^{(1+(1-\gamma)l_g/l_f)T}\left(\int_0^t (\|e_k(\theta)\|)\,d\theta + \eta\right)$$

$$\|e_{k+1}(t)\|_{\lambda} \leqslant \left(\|I-D(t)M(t)\| + \frac{\|C(t)\|\|M(t)\|e^{(1+(l-\gamma)l_g/l_f)T}}{\lambda} \right) \|e_k(t)\|_{\lambda} \tag{20}$$

Then we have the following result.

Theorem 2: For system (19) and a given reference $y_d(t)$, if there exist matrices $M(t), C(t)$ and $D(t)$, and functions $\Psi_{k,h}(t)$ and $\varphi_{k,h}(t)$ such that $\|I-D(t)M(t)\| \leqslant \rho < 1$, where ρ is a constant, then system (19) with the iterative learning control law can guarantee that $\|y_d(t)-y_k(t)\|$ is bounded but $y_k(t)$ cannot track $y_d(t)$ on $t \in [0,h]$ and $\lim\limits_{k\to\infty} y_k(t) = y_d(t)$ on $t \in [h,T]$ for arbitrary initial $x_k(0)$.

When $y_k(t) = s(t,x_k(t),u_k(t)) - \varphi_{k,h}(t)$ and $s(t,x_k(t),u_k(t))$ satisfies:

$$0 < \delta_1 I < s_u = \frac{\partial s(t,x_k(t),u_k(t))}{\partial u_k(t)} \leqslant \delta_2 I, 0 < \delta_3 I < s_x = \frac{\partial s(t,x_k(t),u_k(t))}{\partial u_k(t)} \leqslant \delta_4 I \tag{21}$$

It is easy to obtain that:

$$s(t,x_{k+1}(t),u_{k+1}(t)) - s(t,x_k(t),u_K(t)) = s_x(\zeta)(x_{k+1}(t)-x_k(t))$$
$$+s_u(\zeta)(u_{k+1}(t)-u_k(t)) \tag{22}$$

where $\zeta \in [x_k(t)+\omega(x_{k+1}(t)-x_k(t)), u_k(t)+\omega(u_{k+1}(t)-u_k(t))], \omega \in (0,1)$.

Consider the following system:

$$\dot{x}_k(t) = f(t,x_k(t)) + g(t,x_k(t-\tau(t))) + u_k(t)$$
$$u_{k+1}(t) = u_k(t) + Me_k(t) - \Psi_{k,h}(t)(x_{k+1}(0)-x_k(0))$$
$$y_k(t) = s(t,x_k(t),u_k(t)) - \varphi_{k,h}(t)$$
$$\varphi_{k+1,h}(t) = \varphi_{k,h}(t) - s_u \Psi_{k,h}(t)(x_{k+1}(0)-x_k(0)) \tag{23}$$

Similar to the proof of Theorem 1, we get:

$$\|e_{k+1}(t)\|_{\lambda} \leqslant \left(\|I-s_u M\| + \frac{\|s_x\|\|M\|e^{(1+l_g/l_f)T}}{\lambda} \right) \|e_k(t)\|_{\lambda} \tag{24}$$

So we have the following result.

Theorem 3: For system (23) and a given reference $y_d(t)$, if conditions (9) and there exist matrices M and functions $\Psi_{k,h}(t)$ and $\varphi_{k,h}(t)$ such that $\int_0^t \Psi_{k,h}(\theta)d\theta = 1$, $t > h$, $\|s_x\|$ is bounded, $\max(\|I-\delta_1 M\|, \|I-\delta_2 M\|) \leqslant \rho < 1$, where ρ is a constant, then system (23) with the iterative learning control law can guarantee that

$\|y_d(t) - y_k(t)\|$ is bounded but $y_k(t)$ cannot track $y_d(t)$ on $t \in [0, h]$ and $\lim\limits_{k \to \infty} y_k(t) = y_d(t)$ on $t \in [h, T]$ for arbitrary initial $x_k(0)$.

3. Numerical Example

For further illustration, we consider the following system:

$$\dot{x}_k(t) = 0.8\cos^2(x_k(t)) - 0.5(|x_k(t-1)+1| - |x_k(t-1)-1|) + u_k(t)$$

$$u_{k+1}(t) = u_k(t) + 0.9e_k(t) - \Psi_{k,h}(t)(x_{k+1}(0) - x_k(0))$$

$$y_k(t) = \tanh(2x_k(t) + 0.9u_k(t)) - \varphi_{k,h}(t)$$

$$\varphi_{k+1,h}(t) = \varphi_{k,h}(t) - 0.9\Psi_{k,h}(t)(x_{k+1}(0) - x_k(0)) \tag{25}$$

where $M = 0.9$ and $\Psi_{k,h}(t) = \begin{cases} \dfrac{\pi}{2 \times 0.5}\cos\left(\dfrac{\pi}{2 \times 0.5}t\right), & t \in [0, 0.5) \\ 0, & t \in [0, 0.5] \end{cases}$

taking the reference $y_d(t) = \sin t + 1$.

From the above numerical example, it can be easily proved that the conditions of Theorem 6 are satisfied.

4. Conclusion

In this paper, considering the iterative learning control prob- lem for nonlinear systems with delays, the novel sufficient conditions for robust convergence of the tracking error have been addressed.

第二篇

复杂网络间歇控制

典型神经网络同步分析

Nonlinear Measure about l^2-norm with Application in Synchronization Analysis of Typical Neural Networks via the General Intermittent Control

1. Preliminaries

Let X be a Banach space endowed with the l^2-norm $\| \ \|$, i. e. $\|x\| = \sqrt{x^T x} = \sqrt{\langle x, x \rangle}$, where $\langle \ , \ \rangle$ is inner product, and Ω be a open subset of X. We consider the following system:

$$\frac{dx}{dt} = F(x(t)) + G(x(t-\tau)) \tag{1}$$

where F, G are nonlinear operators defined on Ω, and $x(t), x(t-\tau) \in \Omega$, and τ is a time-delayed positive constant, and $F(0) = G(0) = 0$.

Definition 1: System (1) is called to be exponentially stable on a neighborhood Ω of the equilibrium point, if there exist constants $\mu > 0, m > 0$, such that:

$$\|x(t)\| \leqslant m \exp(-\mu t) \|x_0\| \quad (t > 0) \tag{2}$$

where $x(t)$ is any solution of (1) initiated from $x(t_0) = x_0$.

Definition 2: Suppose that Ω is an open subset of R^n, and $G: \Omega \rightarrow R^n$ is an operator. The constant:

$$\begin{aligned} m_\Omega(G) &= \sup_{\substack{x \neq y \\ x, y \in \Omega}} \frac{\langle G(x) - G(y), x - y \rangle}{\|x - y\|^2} \\ &= \sup_{\substack{x \neq y \\ x, y \in \Omega}} \frac{(x - y)^T G(x) - G(y)}{\|x - y\|^2} \end{aligned} \tag{3}$$

is called the nonlinear measure of G on Ω with the l^2-norm $\| \quad \|$.

Theorem 1: Suppose that Ω is an open subset of R^n, and $F: \Omega \rightarrow R^n$ is a bounded operator.

The function:

$$f(r) = \|(F+rI)x - (F+rI)y\| - r\|x-y\|, \quad (r \geqslant 0, x \in \Omega) \tag{4}$$

is monotone decreasing on r; thus the limit $\lim\limits_{r \to \infty} f(r)$ exists, and:

$$\lim\limits_{r \to \infty} f(r) = \frac{\langle F(x) - F(y), x-y \rangle}{\|x-y\|} \tag{5}$$

here, the operator $F+rI$ mapping every point $x \in \Omega$ denotes $F(x) + rx$.

Proof: For any $r \geqslant 0$,

$$f(r) = \sqrt{k(r)^T k(r)} - r\sqrt{(x-y)^T(x-y)}$$

$$= f_1(r) - f_2(r)$$

$$\frac{df(r)}{dr} = \frac{df_1(r)}{dr} - \frac{df_2(r)}{dr} \tag{6}$$

where $k(r) = F(x) - F(y) + r(x-y)$, $f_1(r) = \sqrt{(k(r))^T k(r)}$,

$$f_2(r) = r\sqrt{(x-y)^T(x-y)}. \quad \frac{df_1(r)}{dr} = \frac{(F(x)-F(y))^T(x-y) + r\|x-y\|^2}{f_1(r)} = \frac{f_3(r)}{f_1(r)},$$

$$\frac{df_2(r)}{dr} = \sqrt{(x-y)^T(x-y)},$$

where $f_3(r) = (F(x)-F(y))^T(x,y) + r\|x-y\|^2$.

According to the Cauchy-Bunie Khodoryovsky inequality, we obtain: $(f_1(r)$

$$\sqrt{(x-y)^T(x-y)})^2 - (f_3(r))^2 = \|F(x)-F(y)\|^2 \|x-y\|^2 - ((F(x)-F(y))^T(x-y))^2$$

$$= \langle F(x)-F(y), F(x)-F(y) \rangle \langle x-y, x-y \rangle$$

$$- ((F(x)-F(y))^T(x-y))^2 \geqslant 0.$$

That is $\left| f_1(r)\sqrt{(x-y)^T(x-y)} \right| \geqslant |f_3(r)| \geqslant f_3(r)$,

$$f_1(r)\sqrt{(x-y)^T(x-y)} \geqslant f_3(r), \quad \sqrt{(x-y)^T(x-y)} \geqslant \frac{f_3(r)}{f_1(r)},$$

$$\frac{df_1(r)}{dr} - \frac{df_2(r)}{dr} \leqslant 0, \quad \frac{df(r)}{dr} \leqslant 0,$$

so the function $f(r), r \geqslant 0$, is monotone decreasing on r and the limit $\lim\limits_{r \to \infty} f(r)$ exists.

$$f(r) = \sqrt{(k(r))^T k(r)} - r\sqrt{(x-y)^T(x-y)}$$

$$= \frac{(k(r))^T k(r) - r^2 (x-y)^T (x-y)}{\sqrt{(k(r))^T k(r)} + r\sqrt{(x-y)^T (x-y)}}$$

$$= \frac{\|F(x) - F(y)\|^2 + 2r(F(x) - F(y))^T (x-y)}{\sqrt{(k(r))^T k(r)} + r\sqrt{(x-y)^T (x-y)}}$$

$$= \frac{\dfrac{\|F(x) - F(y)\|^2}{r} + 2\langle F(x) - F(y), x-y \rangle}{d(r) + \|x-y\|},$$

where $d(r) = \sqrt{\dfrac{\|F(x) - F(y)\|^2}{r^2} + 2\dfrac{\langle F(x) - F(y), x-y \rangle}{r} + \|x-y\|^2}$.

Thus, $\displaystyle \lim_{r \to \infty} f(r) = \frac{\langle F(x) - F(y), x-y \rangle}{\|x-y\|}$.

· Estimating the Scope of the State Vectors

Theorem 2: If the operator G in the system (3) satisfies:

$$\|G(x) - G(y)\| \leq l\|x-y\| \tag{7}$$

For any $x, y \in \Omega$, wher l is a positive constant. The solutions $x(t), y(t)$, initiated from $x(t_0) = x_0 \in \Omega, y(t_0) = y_0 \in \Omega$, of the system (1) satisfy:

$$\|x-y\| \leq \|x_0 - y_0\| \exp\{\lambda(t-t_0)\}, \ \forall\, t \geq 0,$$

where $\lambda = m_\Omega(F) + \exp\{-m_\Omega(F)\tau\} l$.

Proof: Under the initial conditions $x(t_0) = x_0 \in \Omega, y(t_0) = y_0 \in \Omega$, we have:

$$(e^{rt} x(t))'_t = r e^{rt} x(t) + e^{rt} F(x(t)) + e^{rt} G(x(t-\tau)) = e^{rt}(F+rI)x(t) + e^{rt} G(x(t-\tau))$$

for any $t \geq 0$ and $r \geq 0$.

For $t \geq s \geq 0$,

$$e^{rt}(x(t) - y(t)) = e^{rs}(x(s) - y(s)) + \int_s^t e^{ru} k(r,u)\, du,$$

where $k(r,u) = (F+rI)x(u) - (F+rI)y(u) + G(x(u-\tau)) - G(y(u-\tau))$.

So:

$$e^{rt}\|x(t) - y(t)\| - e^{rs}\|x(s) - y(s)\| \leq \int_s^t e^{ru} h(r,u)\, du,$$

where $h(r,u) = \|(F+rI)x(u) - (F+rI)y(u)\| + \|G(x(u-\tau)) - G(y(u-\tau))\|$.

For any $r \geq 0$, $e^{rt}(\|x(t) - y(t)\|)'_t \leq e^{rt} h(r,t) - r e^{rt}(\|x(t) - y(t)\|)$,

therefore:

$$(\|x(t)-y(t)\|)'_t \leq h(r,t) - r(\|x(t)-y(t)\|) = \|(F+rI)x(t)-(F+rI)y(t)\| -$$

$$r(\|x(t)-y(t)\|) + \|G(x(t-\tau))-G(y(t-\tau))\| \leq \lim_{r\to\infty} f(r) + l\|x(t-\tau)-y(t-\tau)\| =$$

$$\frac{\langle F(x)-F(y),x-y\rangle}{\|x-y\|} + l \ \|x(t-\tau)-y(t-\tau)\| = \frac{\langle F(x)-F(y),x-y\rangle}{\|x-y\|^2}\|x-y\| +$$

$$l\|x(t-\tau)-y(t-\tau)\| \leq m_\Omega\|x-y\| + l\|x(t-\tau)-y(t-\tau)\|, \|x(t)-y(t)\|$$

$$\leq \|x_0 - y_0\|e^{m_\Omega(t-t_0)} + \int_{t_0}^{t} e^{m_\Omega(t-s)} l\|x(s-\tau) - y(s-\tau)\|ds,$$

namely:

$$e^{-m_\Omega(t-t_0)}\|x(t)-y(t)\| \leq \|x_0-y_0\| + \int_{t_0}^{t} l e^{-m_\Omega(s-t_0)}\|x(s-\tau)-y(s-\tau)\|ds$$

$$= \|x_0 - y_0\| + l e^{-m_\Omega\tau}\int_{t_0-\tau}^{t-\tau} e^{-m_\Omega(s-t_0)}\|x(s-\tau) - y(s-\tau)\|ds.$$

Using the Gronwall inequality, we have:

$$e^{-m_\Omega(t-t_0)}\|x(t)-y(t)\| \leq \|x_0-y_0\|\exp\{l e^{-m_\Omega\tau}(t-t_0)\},$$

that is:

$$\|x(t)-y(t)\| \leq \|x_0-y_0\|\exp\{(m_\Omega+l e^{-m_\Omega\tau})(t-t_0)\} \leq \|x_0-y_0\|\exp\{\lambda(t-t_0)\}.$$

Corollary 1: Letting $G(x(t-\tau))=0, \lambda=m_\Omega(F)$ be defined as in Definition 2, then the result similar to Theorem 2 is obtained.

2. Synchronization via General Intermittent Control and Examples

Let system (1) be the drive system, and we consider the response system:

$$\frac{dy}{dt} = F(y(t))+G(y(t-\tau))+U(t) \tag{8}$$

where $x,y \in R^n$ are the state variables, $F(\cdot), G(\cdot)$ are nonlinear operators, $U(t)$ is a feedback control term, and:

$$U(t) = \begin{cases} -k(y(t)-x(t)), & (h(n)T \leq t < h(n)T+\delta) \\ 0, & (h(n)T+\delta \leq t < h(n+1)T) \end{cases} \tag{9}$$

where k denotes the control strength, T is the control period, δ is called the control width, and $h(n)$ is a function on n.

In this work, the goal is to design suitable function $h(n)$ and parameters δ, T and k such that system (8) synchronizes to system (1).

Suppose $e(t) = y(t) - x(t)$, the error system is:

$$\frac{de(t)}{dt} = \begin{cases} F(y(t)) - F(x(t)) + G(y(t-\tau)) - G(x(t-\tau)) + ke(t) \\ (h(n)T \leqslant t < h(n)T + \delta(T)) \\ F(y(t)) - F(x(t)) + G(y(t-\tau)) - G(x(t-\tau)) \\ (h(n)T + \delta(T) \leqslant t < h(n+1)T) \end{cases} \tag{10}$$

When $h(n)$ is a strictly monotone increasing function on n with $h(0) = 0$, we obtain the following result:

Theorem 3: Suppose that the operator G in the systems (1) and (8) satisfies condition (7), and m_Ω is defined as Definition 2, $\lambda = m_\Omega(F) + \exp\{-m_\Omega(F)\tau\}l$. Then the synchronization of system (1) and (6) is achieved if the parameters δ, T and k, η satisfy:

$$(\rho + \lambda)\delta \frac{h^{-1}(t - \delta/T)}{t} - \lambda \geqslant \eta > 0 \tag{11}$$

where $\rho = k - \lambda > 0, h^{-1}(\cdot)$ is the inverse function of the function $h(\cdot)$.

Proof: From Theorem 2, the following conclusion is valid:

$$\|e(t)\| \leqslant \|e(h(n)T)\| \exp\{-\rho(t - h(n)T)\} \tag{12}$$

for any $h(n)T \leqslant t < h(n)T + \delta$,

$$\|e(t)\| \leqslant \|e(h(n)T + \delta)\| \exp\{\lambda(t - h(n)T - \delta)\} \tag{13}$$

for any $h(n)T + \delta \leqslant t < h(n+1)T$.

Therefore:

$$\|e(t)\| \leqslant \begin{cases} \|e(0)\| \exp\{-\rho t + (\rho + \lambda)h(n)T - n(\rho + \lambda)\delta\} \\ (h(n)T) \leqslant t < h(n)T + \delta) \\ \|e(0)\| \exp\{\lambda t - (n+1)(\rho + \lambda)\delta\} \\ (h(n)T + \delta \leqslant t < h(n+1)T) \end{cases}$$

$$\leqslant \begin{cases} \|e(0)\| \exp\{-((\rho + \lambda)\delta \dfrac{h^{-1}(t - \delta/T)}{t} - \lambda)t\} \\ (h(n)T \leqslant t < h(n)T + \delta) \\ \|e(0)\| \exp\{-((\rho + \lambda)\delta \dfrac{h^{-1}(t)}{t} - \lambda)t\} \\ (h(n)T + \delta \leqslant t < h(n+1)T) \end{cases}$$

$$\leqslant \|e(0)\| \exp\{-\eta t\} \tag{14}$$

when $t \to +\infty$, $\|e(t)\| \to 0$ is obtained under the condition (9). So the synchronization of system (1) and (8) is achieved.

When $h(n)$ is a strictly monotone decreasing function on n with $\lim\limits_{n \to +\infty} h(n) = 0$, $h(0) = +\infty$, we obtain the following result:

Theorem 4: Suppose that the operator G in the systems (1) and (8) satisfies condition (7), and m_Ω is defined as Definition 2, $\lambda = m_\Omega(F) + \exp\{-m_\Omega(F)\tau\} l$. Then the synchronization of system (1) and (8) is achieved if the parameters δ, T and k, η satisfy:

$$(\rho + \lambda)\delta \frac{h^{-1}(t)}{t} - \lambda \geqslant \eta > 0 \tag{15}$$

where, $\rho = k - \lambda > 0$, $h^{-1}(\cdot)$ is the inverse function of the function $h(\cdot)$.

Proof: From Theorem 2, the following conclusion is valid:

$$\|e(t)\| \leqslant \|e(h(n+1)T)\| \exp\{-\rho(t - h(n+1)T)\} \tag{16}$$

for any $h(n+1)T \leqslant t < h(n+1)T + \delta$,

$$\|e(t)\| \leqslant \|e(h(n+1)T+\delta)\| \exp\{\lambda(t - h(n+1)T - \delta)\} \tag{17}$$

for any $h(n)T + \delta \leqslant t < h(n+1)T$.

Therefore:

$$\|e(t)\| \leqslant
\begin{cases}
\|e(h(n+1)T)\| \exp\{g_1(t,n)\} \\
\quad (h(n+1)T \leqslant t < h(n+1)T+\delta) \\
\|e(h(n+1)T)\| \exp\{g_2(t,n)\} \\
\quad (h(n+1)T+\delta \leqslant t < h(n)T)
\end{cases}$$

$$\leqslant
\begin{cases}
\|e(h(n+1)T)\| \exp\{g_3(t,n)\} \\
\quad (h(n+1)T \leqslant t < h(n+1)T+\delta) \\
\|e(h(n+1)T)\| \exp\{g_4(t,n)\} \\
\quad (h(n+1)T+\delta \leqslant t < h(n)T)
\end{cases}$$

$$\leqslant \|e(0)\| \exp\{-\eta t\} \tag{18}$$

where $g(t,n) = -\rho t + (\rho + \lambda)h(n+1)T - (n+1)(\rho + \lambda)\delta - \lambda h(n+2)T$, $g_2(t,n) =$

$\lambda t-(n+2)(\rho+\lambda)\delta-\lambda h(n+2)T, g_3(t,n)=-((\rho+\lambda)\delta\dfrac{h^{-1}(t)}{t}-\lambda)t-\lambda h(n+2)T,$

$g_4(t,n)=-((\rho+\lambda)\delta\dfrac{h^{-1}(t-\delta/T)}{t}-\lambda)t-\lambda h(n+2)T.$

when $t\rightarrow+\infty$, $\|e(t)\|\rightarrow0$ is obtained under the condition (15). So the synchronization of system (1) and (8) is achieved.

Corollary 2: Letting $G(x(t-\tau))=0, \lambda=m_\Omega(F)$ be defined as in Definition 2, and the condition (11) or (15), respectively, is satisfied. Then the result similar to Theorem 3 or Theorem 4 is obtained.

Corollary 3: Supposing that $h(n)=p_1 n, \delta(t)=p_2 T$, $p_1>0$, and the rest of restricted conditions are invariable. Then the synchronization of system (1) and (8) is achieved if the parameters δ, T and k, η satisfy:

$$(\rho+\lambda)\frac{p_2}{p_1}-\lambda\geqslant\eta>0 \tag{19}$$

In the simulations of following examples, we always choose $T=6; \delta=0.6T, k=-10$.

Example 1: Consider a typical delayed Hopfield neural networks[32-34] with two neurons:

$$\dot{x}(t)=-Cx(t)+Af(x(t))+Af(x(t-\tau)) \tag{20}$$

where $x(t)=(x_1(t),x_2(t))^T, f(x(t))=(\tanh(x_1(t)),$
$\tanh(x_2(t)))^T, \tau=(1)$, and:

$$C=\begin{pmatrix}1 & 0\\0 & 1\end{pmatrix}, A=\begin{pmatrix}2.0 & -0.1\\-5.0 & 3.0\end{pmatrix}, B=\begin{pmatrix}-1.5 & -0.1\\-0.2 & -2.5\end{pmatrix}.$$

It should be noted that the networks is actually a chaotic delayed Hopfield neural networks.

Eq. (20) is considered as the drive system, and the response system is defined as follows:

$$\dot{y}(t)=-Cy(t)+Af(y(t))+Af(y(t-\tau))+U(t) \tag{21}$$

We reach the value $l<9.15, m_\Omega(F)\leqslant0.7993$, here $F(x(t))=-Cx(t)+Af(x(t))$, $G(x(t-\tau))=Bf(x(t-\tau))$. Let the initial condition be $(x_1,x_2,y_1,y_2)^T=(3,4,17,12.8)^T$.

We choose the function $h(n)=n, h(n)=3n$,

$h(n)=\dfrac{1}{2}n, h(n)=\dfrac{n^2}{n+1}$, which are the strictly monotone increasing function on n, respectively, then it can be clearly seen in Fig. 1, Fig. 2, Fig. 3 and Fig. 4, respectively, that the drive system (20) synchronizes with the response system (21).

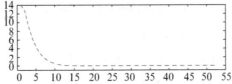

Fig. 1(1) Synchronization error between x_1 and y_1 ($h(n)=n$)

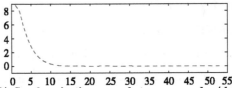

Fig. 1(2) Synchronization error between x_2 and y_2 ($h(n)=n$)

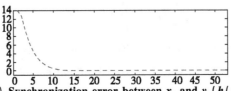

Fig. 2(1) Synchronization error between x_1 and y_1 ($h(n)=3n$)

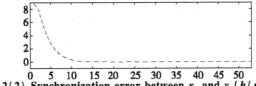

Fig. 2(2) Synchronization error between x_2 and y_2 ($h(n)=3n$)

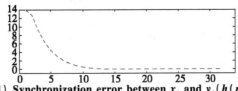

Fig. 3(1) Synchronization error between x_1 and y_1 ($h(n)=n/2$)

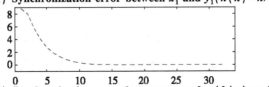

Fig. 3(2) Synchronization error between x_2 and y_2 ($h(n)=n/2$)

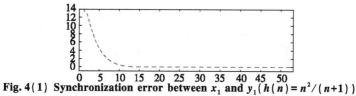

Fig. 4(1) Synchronization error between x_1 and y_1($h(n) = n^2/(n+1)$)

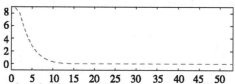

Fig. 4(2) Synchronization error between x_2 and y_2($h(n) = n^2/(n+1)$)

Example 2: Consider a typical hyper-chaotic neural networks (16) with four neurons[35] as the drive system, Eq. (17) as the response system, where $x(t) = (x_1(t), x_2(t), x_3(t), x_4(t))^T, f(x(t)) = (0, 0, 0, |x_4+1| - |x_4-1|)^T$, and:

$$C = \begin{pmatrix} 0 & 0 & 1 & 1 \\ 0 & -2 & -1 & 0 \\ -14 & 14 & 0 & 0 \\ -100 & 0 & 0 & 100 \end{pmatrix}, A = \begin{pmatrix} 0 & 0 & 0 & 0 \\ 0 & 0 & 0 & 0 \\ 0 & 0 & 0 & 0 \\ 0 & 0 & 0 & 100 \end{pmatrix}, B = \begin{pmatrix} 0 & 0 & 0 & 0 \\ 0 & 0 & 0 & 0 \\ 0 & 0 & 0 & 0 \\ 0 & 0 & 0 & 0 \end{pmatrix}.$$

We reach the value $m_\Omega(F) \leqslant 14.8559$, here $F(x(t)) = -Cx(t) + Af(x(t))$. Let the initial condition be $(x_1, x_2, x_3, x_4, y_1, y_2, y_3, y_4)^T = (0.1, 0.2, 0.3, 0.5, 3, 5, 6, 8)^T$.

We choose the function $h(n) = \ln(n+1)$, which is a strictly monotone increasing function on n, then it can be clearly seen in Fig. 5 that the drive system (20) synchronizes with the response system (21).

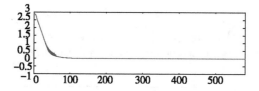

Fig. 5(1) Synchronization error between x_1 and y_1($h(n) = \ln(n+1)$)

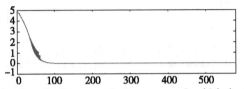

Fig. 5(2) Synchronization error between x_2 and y_2 ($h(n) = \ln(n+1)$)

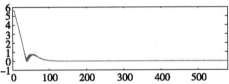

Fig. 5(3) Synchronization error between x_3 and y_3 ($h(n) = \ln(n+1)$)

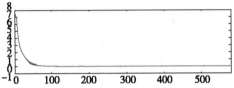

Fig. 5(4) Synchronization error between x_4 and y_4 ($h(n) = \ln(n+1)$)

We choose the function $h(n) = \dfrac{2}{n}$, $h(n) = \dfrac{0.3}{n}$, which are the strictly monotone decreasing function on n, respectively, then it can be clearly seen in Fig. 6 and Fig. 7, respectively, that the drive system (20) synchronizes with the response system (21).

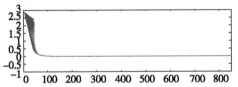

Fig. 6(1) Synchronization error between x_1 and y_1 ($h(n) = 2/n$)

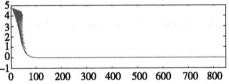

Fig. 6(2) Synchronization error between x_2 and y_2 ($h(n) = 2/n$)

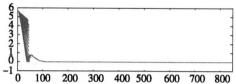

Fig. 6(3) Synchronization error between x_3 and y_3 ($h(n) = 2/n$))

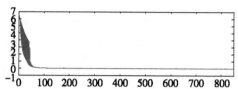

Fig. 6(4) Synchronization error between x_4 and y_4 ($h(n) = 2/n$))

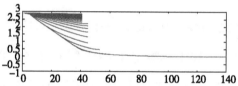

Fig. 7(1) Synchronization error between x_1 and y_1 ($h(n) = 0.3/n$))

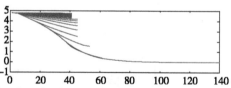

Fig. 7(2) Synchronization error between x_2 and y_2 ($h(n) = 0.3/n$))

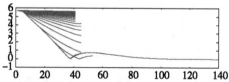

Fig. 7(3) Synchronization error between x_3 and y_3 ($h(n) = 0.3/n$))

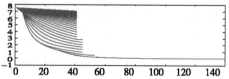

Fig. 7(4) Synchronization error between x_4 and y_4 ($h(n) = 0.3/n$))

3. Conclusion

Approaches for synchronization of two coupled neural networks via general intermittent which use the nonlinear operator named the measure about l^2 – norm have been presented in this paper. Strong properties of global and asymptotic synchronization have been achieved in a finite number of steps. The techniques have been successfully applied to typical neural networks. Numerical simulations have verified the effectiveness of the method.

典型复杂网络同步分析

Nonlinear Measure about l^2–norm with Application in Synchronization Analysis of Complex Networks via the General Intermittent Control

1. Preliminaries

Let X be a Banach space endowed with the l^2 – norm $\|\ \|$, i. e. $\|x\| = \sqrt{x^T x} = \sqrt{\langle x, x \rangle}$, where $\langle , \rangle$ is inner product, and Ω be a open subset of X. We consider the following system:

$$\frac{dx}{dt} = F(x(t)) + G(x(t-\tau)) \tag{1}$$

where F, G are nonlinear operators defined on Ω, and $x(t), x(t-\tau) \in \Omega$, and τ is a time–delayed positive constant, and $F(0) = G(0) = 0$.

Definition 1: System (1) is called to be exponentially stable on a neighborhood Ω of the equilibrium point, if there exist constants $\mu > 0, m > 0$, such that:

$$\|x(t)\| \leq m \exp(-\mu t) \|x_0\| \quad (t > 0) \tag{2}$$

where $x(t)$ is any solution of (1) initiated from $x(t_0) = x_0$.

Definition 2: Suppose that Ω is an open subset of R^n, and $G: \Omega \to R^n$ is an operator. The constant:

$$m_\Omega(G) = \sup_{\substack{x \neq y \\ x,y \in \Omega}} \frac{\langle G(x) - G(y), x-y \rangle}{\|x-y\|^2}$$

$$= \sup_{\substack{x \neq y \\ x,y \in \Omega}} \frac{(x-y)^T (G(x) - G(y))}{\|x-y\|^2} \qquad (3)$$

is called the nonlinear measure of G on Ω with the l^2-norm $\| \quad \|$.

Lemma 1: Suppose that Ω is an open subset of R^n, and $F: \Omega \to R^n$ is a bounded operator. The function $f(r) = \| (F+rI)x - (F+rI)y \| - r\|x-y\|$, $(r \geq 0, x \in \Omega)$ is monotone decreasing function on r; thus the limit $\lim\limits_{r \to \infty} f(r)$ exists, and:

$$\lim_{r \to \infty} f(r) = \frac{\langle F(x) - F(y), x - y \rangle}{\|x - y\|} \qquad (4)$$

here, the operator $F+rI$ mapping every point $x \in \Omega$ denotes $F(x) + rx$.

Lemma 2: If the operator G in the system (1) satisfies:

$$\|G(x) - G(y)\| \leq l\|x-y\| \qquad (5)$$

for any $x, y \in \Omega$, wher l is a positive constant. The solutions $x(t), y(t)$, initiated from $x(t_0) = x_0 \in \Omega$ $y(t_0) = y_0 \in \Omega$, of the system (1) satisfy $\|x-y\| \leq \|x_0-y_0\| \exp\{\lambda(t-t_0)\}$, $\forall t \geq 0$, where $\lambda = m_\Omega(F) + \exp\{-m_\Omega(F)\tau\}l$.

Corollary 1: Let $G(x(t-\tau)) = 0, \lambda = m_\Omega(F)$ be defined as in Definition 2, then the result similar to Lemma 2 is obtained.

2. Synchronization Via General Intermittent Control and Examples

Consider a delayed complex dynamical network consisting of N linearly coupled nonidentical nodes described by:

$$\dot{x}_i(t) = f(x_i(t)) + g(x_i(t - \tau)) + \sum_{j=1}^{N} a_{ij}x_j(t) + u_i(t), i = 1, 2, \cdots, N \qquad (6)$$

where $x_i = (x_{i1}, x_{i2}, \cdots, x_{in})^T \in R^n$ is the state vector of the ith node, $f, g: R^n \to R^n$ are nonlinear vector functions, $u_i(t)$ is the control input of the ith node, and $A = (a_{ij})_{N \times N}$ is the coupling figuration matrix representing the coupling strength and the topological structure of the complex networks, in which $a_{ij} > 0$ if there is connection from node i to node j $(i \neq j)$, and is zero, otherwise, and the constraint

$$a_{ii} = -\sum_{j=1, j \neq i}^{N} a_{ij} = -\sum_{i=1, i \neq j}^{N} a_{ij}, (i,j = 1, 2, \cdots, N), \text{ is set.}$$

A complex network is said to achieve asymptotical synchronization if:

$$x_1(t) = x_2(t) = \cdots = x_N(t) = s(t) \text{ as } t \to \infty \tag{7}$$

where $s(t) \in R^n$ is a solution of a real target node, satisfying:

$$\dot{s}(t) = f(s(t)) + g(s(t-\tau)) \tag{8}$$

For our synchronization scheme, let us define error vector and control input $u_i(t)$ as follows, respectively:

$$e_i(t) = x_i(t) - s(t), i = 1, 2, \cdots, N \tag{9}$$

When $h(n)$ is a strictly monotone increasing function on n with $h(0) = 0$, $\lim\limits_{n \to +\infty} h(n) =$

$+\infty$, $u_i(t) = \begin{cases} -ke_i(t), (h(n)T \leqslant t < h(n)T+\delta), \\ 0, (h(n)T+\delta \leqslant t < h(n)T), \end{cases}$ $(k>0, i = 1, 2, \cdots, N)$. When $h(n)$ is a

strictly monotone decreasing function on n with $h(0) = +\infty$, $\lim\limits_{n \to +\infty} h(n) = 0$, $u_i(t) =$

$\begin{cases} -ke_i(t), (h(n+1)T \leqslant t < h(n+1)T+\delta), \\ 0, (h(n+1)T+\delta \leqslant t < h(n)T). \end{cases}$ $(k>0, i = 1, 2, \cdots, N)$. In this work, the goal is to

design suitable function $h(n)$ and parameters δ, T and k satisfying the condition (7). The error:

system follows from the expression $\begin{cases} \dot{e}_1(t) = f(x_1(t)) - f(s(t)) + g(x_1(t-\tau)) \\ \qquad -g(s(t-\tau)) + \sum\limits_{j=1}^{N} a_{1j} e_j(t) + u_1(t) \\ \dot{e}_2(t) = f(x_2(t)) - f(s(t)) + g(x_2(t-\tau)) \\ \qquad -g(s(t-\tau)) + \sum\limits_{j=1}^{N} a_{2j} e_j(t) + u_2(t) \\ \quad \vdots \qquad\qquad\qquad \vdots \\ \dot{e}_N(t) = f(x_N(t)) - f(s(t)) + g(x_N(t-\tau)) \\ \qquad -g(s(t-\tau)) + \sum\limits_{j=1}^{N} a_{Nj} e_j(t) + u_N(t) \end{cases} \tag{10}$

When $h(n)$ is a strictly monotone increasing function on n with $h(0) = 0$, $\lim\limits_{n \to +\infty} h(n) = +\infty$, we obtain the following result:

Theorem 1: Suppose that the operator g in the network (6) satisfies condition (5), and m_Ω is defined as Definition 2, $\lambda = m_\Omega(F) + \exp\{-m_\Omega(F)\tau\}l$, where:

$$m_\Omega(F) = \sup_{\substack{x_i(t)\neq s(t),\\ i=1,2,\cdots,N}} \frac{<F(t),e(t)>}{\|e(t)\|^2}$$

$$F(t) = ((f(x_1(t)) - f(s(t)) + \sum_{j=1}^{N} a_{1j}e_j(t))^T \cdots$$

$$(f(x_N(t)) - f(s(t)) + \sum_{j=1}^{N} a_{Nj}e_j(t))^T)^T$$

$$e(t) = (e_1^T(t),e_2^T(t),\cdots,e_N^T(t))^T, l = \max\{l_1,l_2,\cdots,l_N\}$$

l_i satisfies $\|g(x_i(t-\tau)) - g(s(t-\tau))\| \leqslant l_i\|e_i(t-\tau)\|$. 　　(11)

Then the synchronization of networks (6) isachieved if the parameters δ, T and k,η satisfy

$$\inf((\rho+\lambda)\delta\frac{h^{-1}(t-\delta/T)}{t}-\lambda) \geqslant \eta > 0 \qquad (12)$$

where $\rho = k-\lambda > 0, h^{-1}(\cdot)$ is the inverse function of the function $h(\cdot)$.

Proof: From Lemma 2, the conclusion is valid:

$$\|e(t)\| \leqslant \|e(h(n)T)\|\exp\{-\lambda(t-h(n)T)\} \qquad (13)$$

for any $h(n)T \leqslant t < h(n)T+\delta$;

$$\|e(t)\| \leqslant \|e(h(n)T+\delta)\|\exp\{\lambda(t-h(n)T-\delta)\} \qquad (14)$$

for any $h(n)T+\delta \leqslant t < h(n+1)T$.

$$\|e(t)\| \leqslant \begin{cases} \|e(0)\|\exp\{-\rho t+(\rho+\lambda)h(n)T-n(\rho+\lambda)\delta\}, h(n)T \leqslant t < h(n)T+\delta, \\ \|e(0)\|\exp\{\lambda t-(n+1)(\rho+\lambda)\delta\}, (h(n)T+\delta \leqslant t < h(n+1)T), \end{cases}$$

$$\leqslant \begin{cases} \|e(0)\|\exp\{-((\rho+\lambda)\delta\frac{h^{-1}(t-\delta/T)}{t}-\lambda)t\}, (h(n)T) \leqslant t < h(n)T+\delta), \\ \|e(0)\|\exp\{-((\rho+\lambda)\delta\frac{h^{-1}(t)}{t}-\lambda)t\}, (h(n)T)+\delta \leqslant t < h(n+1)T), \end{cases}$$

$$\leqslant \|e(0)\|\exp\{-\eta t\},$$

when $t \to +\infty$, $\|e(t)\| \to 0$ is obtained under the condition (12). So the synchronization of the network (6) is achieved.

When $h(n)$ is a strictly monotone decreasing function on n with $\lim_{n\to+\infty} h(n) = 0$, $h(0) = +\infty$, we obtain the following result:

Theorem 2: Suppose that the operator g in the systems (6) satisfies condition (5), and m_Ω is defined as Definition 2, $\lambda, e(t)$ are the same as Theorem 3. Then the synchronization of networks (6) is achieved if the parameters δ, T and k, η satisfy

$$\inf((\rho+\lambda) \ \delta \frac{h^{-1}(t)}{t}-\lambda) \geqslant \eta > 0 \tag{15}$$

where $\rho = k-\lambda > 0, h^{-1}(\cdot)$ is the inverse function of the function $h(\cdot)$.

The proof of Theorem 2 is similar to that of Theorem 1. It is omitted, here.

Corollary 2: Let $g(x(t-\tau)) = 0, \lambda = m_\Omega(F)$ be defined as in Definition 2, and the condition (12) or (15) , respectively, is satisfied. Then the result similar to Theorem 1 or Theorem 2 is obtained.

Corollary 3: Supposing that $h(n) = p_1 n, \delta = p_2 T, p_1 > 0$, and the rest of restricted conditions are invariable. Then the synchronization of the network (6) is achieved if the parameters δ, T and k, η satisfy:

$$(\rho+\lambda)\delta\frac{p_2}{p_1}-\lambda \geqslant \eta > 0 \tag{16}$$

Corollary 4: when $a_{ij} = 0, i, j = 1, 2, \cdots, N$, the result similar to Theorem 1 or Theorem 2 is obtained if the condition (12) or (15) , respectively, is satisfied.

In the simulations of following examples, we always choose $N = 40, T = 5, \delta = 4, k = 16$, the matrix:

$$P = \begin{pmatrix}
-14 & 1 & 1 & 1 & 1 & 1 & 1 & 1 & 1 & 2 & 0 & 0 & 0 & 2 & 0 & 1 & 0 & 0 & 0 & 1 \\
2 & -8 & 0 & 0 & 1 & 1 & 1 & 1 & 0 & 0 & 1 & 0 & 0 & 0 & 0 & 0 & 0 & 0 & 1 & 0 \\
2 & 0 & -6 & 1 & 1 & 0 & 0 & 0 & 0 & 0 & 0 & 1 & 0 & 0 & 0 & 0 & 0 & 1 & 0 & 0 \\
3 & 1 & 0 & -9 & 0 & 0 & 0 & 0 & 0 & 1 & 1 & 1 & 1 & 1 & 0 & 0 & 0 & 0 & 0 & 0 \\
1 & 1 & 1 & 1 & -5 & 1 & 0 & 0 & 0 & 0 & 0 & 0 & 0 & 0 & 0 & 0 & 0 & 0 & 0 & 0 \\
0 & 0 & 1 & 0 & 0 & -6 & 0 & 1 & 0 & 1 & 0 & 0 & 1 & 0 & 0 & 1 & 0 & 0 & 1 & 0 \\
0 & 0 & 1 & 0 & 0 & 0 & -3 & 0 & 1 & 0 & 1 & 0 & 0 & 0 & 0 & 0 & 0 & 0 & 0 & 0 \\
1 & 2 & 0 & 1 & 1 & 0 & 0 & -7 & 0 & 0 & 2 & 0 & 0 & 0 & 0 & 0 & 0 & 0 & 0 & 0 \\
1 & 1 & 0 & 0 & 0 & 0 & 0 & 1 & -8 & 1 & 0 & 2 & 1 & 0 & 0 & 1 & 0 & 0 & 0 & 0 \\
0 & 0 & 0 & 1 & 1 & 0 & 0 & 1 & 2 & -9 & 0 & 0 & 0 & 0 & 1 & 0 & 1 & 1 & 0 & 1 \\
1 & 0 & 1 & 0 & 0 & 2 & 0 & 0 & 0 & 2 & -7 & 0 & 0 & 0 & 0 & 0 & 0 & 0 & 1 & 0 \\
1 & 0 & 0 & 2 & 0 & 0 & 0 & 0 & 2 & 0 & 0 & -6 & 0 & 0 & 0 & 0 & 0 & 0 & 0 & 1 \\
0 & 0 & 0 & 2 & 0 & 0 & 0 & 0 & 0 & 1 & 1 & 2 & -10 & 0 & 1 & 1 & 0 & 0 & 2 & 0 \\
0 & 1 & 0 & 0 & 0 & 0 & 0 & 0 & 0 & 0 & 1 & 0 & 2 & -5 & 0 & 0 & 0 & 0 & 0 & 1 \\
1 & 0 & 0 & 0 & 0 & 0 & 0 & 0 & 0 & 1 & 0 & 0 & 2 & 1 & -5 & 0 & 0 & 0 & 0 & 0 \\
0 & 0 & 0 & 0 & 0 & 1 & 1 & 1 & 0 & 0 & 0 & 0 & 2 & 1 & 0 & -7 & 0 & 1 & 0 & 0 \\
0 & 1 & 0 & 0 & 0 & 0 & 0 & 0 & 1 & 0 & 0 & 0 & 1 & 0 & 0 & 2 & -5 & 0 & 0 & 0 \\
0 & 0 & 1 & 0 & 0 & 0 & 0 & 0 & 1 & 0 & 0 & 0 & 0 & 0 & 1 & 1 & 2 & -6 & 0 & 0 \\
0 & 0 & 0 & 0 & 0 & 0 & 0 & 0 & 0 & 0 & 0 & 0 & 0 & 0 & 0 & 0 & 1 & 3 & -7 & 3 \\
1 & 0 & 0 & 0 & 0 & 0 & 0 & 1 & 0 & 0 & 0 & 0 & 0 & 0 & 2 & 0 & 1 & 0 & 2 & -7
\end{pmatrix}$$

$$Q = diag(-14, -8, -6, -9, -5, -6, -3, -7, -8, -9,$$
$$-7, -6, -10, -5, -5, -7, -5, -6, -7, -7).$$

Example 1: Consider a delayed Hopfield neural network with two neurons:

$$\dot{x}(t) = -Cx(t) + Df(x(t)) + Bf(x(t-\tau)) \tag{17}$$

where $x(t) = (x_1(t), x_2(t))^T, f(x(t)) = (\tanh(x_1(t)), \tanh(x_2(t)))^T, \tau = (1)$, and

$$C = \begin{pmatrix} 1 & 0 \\ 0 & 1 \end{pmatrix}, D = \begin{pmatrix} 2.0 & -0.1 \\ -5.0 & 3.0 \end{pmatrix}, B = \begin{pmatrix} -1.5 & -0.1 \\ -0.2 & -2.5 \end{pmatrix}.$$ It should be noted that the

network is actually a chaotic delayed Hopfield neural network.

We reach the value $l < 9.15, m_\Omega(F) \leqslant 0.7993$, here $F(x(t)) = -Cx(t) + Df(x(t)), g(x(t-\tau)) = Bf(x(t-\tau))$. the function $h(n) = n^2/(n+1), , h(n) = 0.3/n$, which are the strictly monotone increasing or decreasing function on n, respectively, then they can be clearly seen that the synchronization of network (6) is realized in Fig. 1, Fig. 2 ($A \neq 0$), where $A = diag(0.2P, 0.2P)$ and Fig. 3, Fig. 4 ($A = 0$), respectively.

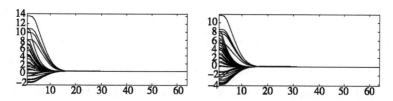

Fig. 1 Synchronization error $x_{i1} - x_{11}, x_{i2} - x_{12}, (i = 2, 3, \cdots, 40)$ when $h(n) = n^2/(n+1), A \neq 0$

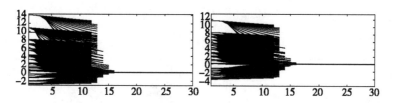

Fig. 2 Synchronization error $x_{i1} - x_{11}, x_{i2} - x_{12}, (i = 2, 3, \cdots, 40)$ when $h(n) = 0.3/n, A \neq 0$

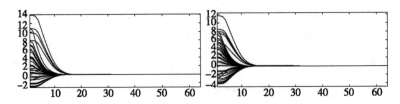

Fig. 3 Synchronization error $x_{i1} - x_{11}, x_{i2} - x_{12}, (i = 2, 3, \cdots, 40)$ when $h(n) = n^2/(n+1), A = 0$

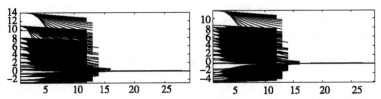

Fig. 4 Synchronization error $x_{i1} - x_{11}, x_{i2} - x_{12}, (i = 2, 3, \cdots, 40)$ when $h(n) = 0.3/n, A = 0$

Example 2: Consider hyper-chaotic Chen system:

$$\begin{cases} \dot{x} = 35(y-x) + w, \\ \dot{y} = 7x - xz + 12y, \\ \dot{z} = xy - 3z, \\ \dot{w} = yz + 0.5w. \end{cases}$$

We reach the value $m_\Omega(F) \leqslant 5.0304$, here $F(t) = (35(y-x) + w, 7x - xz + 12y, xy - 3z, yz + 0.5w)^T$. We choose the function $h(n) = \ln(n+1), h(n) = 0.3/n$, which are strictly mono-tone increasing or decreasing function on n, respectively, then they can be clearly seen that the synchronization of network (6) is realized in Fig. 5, Fig. 6 ($A \neq 0$), where:

$$A = \begin{pmatrix} 0.2(P+Q) & 0.2(P-Q) \\ 0.2(P-Q) & 0.2Q \end{pmatrix},$$

and Fig. 7, Fig. 8 ($A = 0$), respectively.

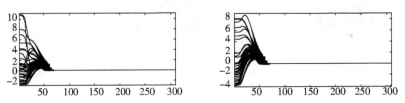

Fig. 5 Synchronization error $x_{ij} - x_{1j}, (i = 2, 3, \cdots, 40, j = 1, 2, 3, 4)$, when $h(n) = \ln(n+1), A \neq 0$

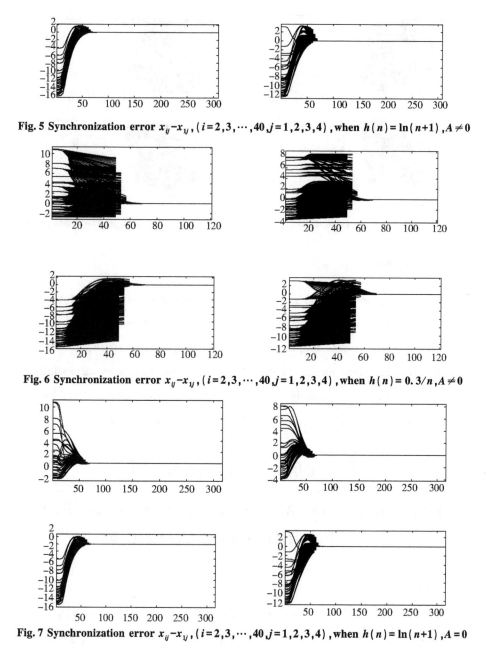

Fig. 5 Synchronization error $x_{ij} - x_{1j}$, $(i = 2, 3, \cdots, 40, j = 1, 2, 3, 4)$, **when** $h(n) = \ln(n+1)$, $A \neq 0$

Fig. 6 Synchronization error $x_{ij} - x_{1j}$, $(i = 2, 3, \cdots, 40, j = 1, 2, 3, 4)$, **when** $h(n) = 0.3/n$, $A \neq 0$

Fig. 7 Synchronization error $x_{ij} - x_{1j}$, $(i = 2, 3, \cdots, 40, j = 1, 2, 3, 4)$, **when** $h(n) = \ln(n+1)$, $A = 0$

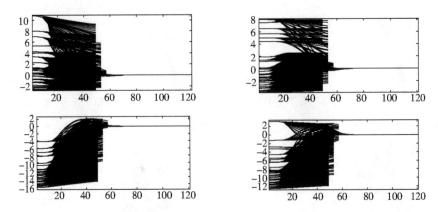

Fig. 8 Synchronization error $x_{ij}-x_{1j}$, $(i=2,3,\cdots,40,j=1,2,3,4)$, when $h(n)=0.3/n, A=0$

3. Conclusion

Approaches for synchronization of complex networks via general intermittent which use the nonlinear operator named the measure about l^2-norm have been presented in this paper. Strong properties of global and exponential synchronization have been achieved in a finite number of steps. The techniques have been successfully applied to Chaotic delayed Hopfield neural networks and hyper-chaotic Chen system. Numerical simulations have verified the effectiveness of the method.

多混沌系统环链间歇连接同步

Synchronization of Multi-chaotic Systems with Ring and Chain Intermittent Connections

1. Preliminaries

Let X be a Banach space endowed with the l^2-norm $\parallel \cdot \parallel$, i. e $\parallel x \parallel = \sqrt{x^T x} = \sqrt{<x,x>}$, where $< \cdot, \cdot >$ is inner product, and Ω be a open subset of X. We consider the following system:

$$\frac{dx}{dt} = F(x(t)) \tag{1}$$

where F are nonlinear operators defined on Ω, and $x(t) \in \Omega$, and $F(0) = 0$.

Definition 1: System (1) is called to be exponentially stable on a neighborhood Ω of the equilibrium point, if there exist constants $\mu > 0, m > 0$, such that:

$$\|x(t)\| \leqslant m\exp(-\mu t)\|x_0\| \quad (t > 0) \tag{2}$$

where $x(t)$ is any solution of (1) initiated from $x(t_0) = x_0$.

Definition 2: Suppose that Ω is an open subset of R^n, and $G : \Omega \to R^n$ is an operator. The constant:

$$m_\Omega(G) = \sup_{\substack{x \neq y \\ x, y \in \Omega}} \frac{<G(x) - G(y), x - y>}{\|x - y\|^2} = \sup_{\substack{x \neq y \\ x, y \in \Omega}} \frac{(x - y)^T G(x) - G(y)}{\|x - y\|^2}$$

is called the nonlinear measure of G on Ω with the l^2-norm $\|\cdot\|$.

Suppose the dynamic equations of m chaotic systems can be described as follows:

$$\dot{x}_1 = f(x_1), \dot{x}_2 = f(x_2), \cdots, \dot{x}_m = f(x_m) \tag{3}$$

where $x_i = (x_{i1}, x_{i2}, \cdots, x_{in}), i = 1, 2, \cdots, m$, represent the state variables of the chaotic system i, and $f : R^n \to R^n$ is continuous nonlinear function.

In this paper, a special case of such a control law is of the form:

$$u(t) = (u_1(t), u_2(t), \cdots, u_m(t))^T$$

$$u_i(t) = \begin{cases} \sum_{j \neq i, j = 1}^{m} k_{ij}(x_j(t) - x_i(t)), (nT \leqslant t < nT + \delta) \\ 0, (nT + \delta \leqslant t < (n + 1)T) \end{cases}$$

$$\tag{4}$$

where $k_{ij} \geqslant 0$ denotes the control strength, $\delta > 0$ denotes the switching width, and T denotes the control period.

For example, we couple 4 chaotic systems with a ring and chain as following figuration (shown in Fig. 1) with the coupling coefficients k_{ij}. It is denoted as $1 \to 2$, $2 \to 3, 3 \to 1, 1 \to 4$. The arrow indicate the direction of signal transmission and i denotes the ith system.

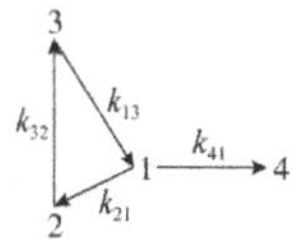

Fig. 1 The coupled mode of 4 systems

So the controlled systems with ring and chain intermittent control law are:

$$\begin{cases} \dot{x}_1(t) = f(x_1(t)) + u_1(t) \\ \dot{x}_2(t) = f(x_2(t)) + u_2(t) \\ \dot{x}_3(t) = f(x_3(t)) + u_3(t) \\ \dot{x}_4(t) = f(x_4(t)) + u_4(t) \end{cases} \qquad (5)$$

where $u_1(t) = k_{13}(x_3 - x_1)$, $u_2(t) = k_{21}(x_1 - x_2)$, $u_3(t) = k_{32}(x_2 - x_3)$, $u_4(t) = k_{41}(x_1 - x_4)$.

2. Synchronization of Multi-chaotic Systems with Ring and Chain Intermittent Connections

The system with ring and chain intermittent control terms is:

$$\begin{cases} \dot{x}_1(t) = f(x_1(t)) + u_1(t) \\ \dot{x}_2(t) = f(x_2(t)) + u_2(t) \\ \vdots \qquad \vdots \qquad \vdots \\ \dot{x}_m(t) = f(x_m(t)) + u_m(t) \end{cases} \qquad (6)$$

where $f(0) = 0$.

The error system is:

$$\begin{cases} \dot{e}_1(t) = f(x_2(t)) - f(x_1(t)) + u_2(t) - u_1(t) \\ \dot{e}_2(t) = f(x_3(t)) - f(x_2(t)) + u_3(t) - u_2(t) \\ \vdots \qquad \vdots \qquad \vdots \\ \dot{e}_{m-1}(t) = f(x_m(t)) - f(x_{m-1}(t)) + u_m(t) - u_{m-1}(t) \\ \dot{e}_m(t) = f(x_1(t)) - f(x_m(t)) + u_1(t) - u_m(t) \end{cases} \qquad (7)$$

where:

$$e_1(t) = x_2(t) - x_1(t), e_2(t) = x_3(t) - x_2(t), \cdots, e_{m-1}(t)$$
$$= x_m(t) - x_{m-1}(t), e_m(t) = x_1(t) - x_m(t) \qquad (8)$$

Theorem 1: Suppose that the nionlinear operator $f:\Omega \to R^n$ in the system (6) is bound, and $F(t) = ((f(x_2(t)) - f(x_1(t)))^T, \cdots, (f(x_1(t)) - f(x_m(t)))^T)^T, m_\Omega(F)$ is defined as Definition 2, $\lambda = m_\Omega(F), k = -(m_\Omega(F+u) - \lambda), \rho = k - \lambda > 0$. Then the synchronization of system (6) is achieved if the parameters δ, T, k and η satisfy:

$$(\rho + \lambda)\delta - \lambda \geq \eta > 0 \qquad (9)$$

Proof：Under the initial conditions $x_i(t_0) = x_i^0 \in \Omega, x_j(t_0) = x_j^0 \in \Omega, (i, j \in N^+)$,

we have $(e^{rt}x_i(t))'_t = re^{rt}x_i(t) + e^{rt}f(x_i(t)) = e^{rt}(f+rI)x(t)$ for any $t \geq 0$ and $r \geq$

0. For $t \geq s \geq 0, e^{rt}(x_i(t) - x_j(t)) = e^{rs}(x_i(s) - x_j(s)) + \int_s^t e^{ru}k(r, u)du$,

where $k(r, u) = (f+rI)x_i(u) - (f+rI)x_j(u)$. Let $E(t) = (e_1^T(t), e_2^T(t), \cdots, e_m^T(t))^T$,

$F(t) = ((f(x_2(t)) - f(x_1(t)))^T, \cdots, (f(x_1(t)) - f(x_m(t)))^T)^T, p(r, u) =$

$(((f+rI)x_2(u) - (f+rI)x_1(u))^T, ((f+rI)x_3(u) - (f+rI)x_2(u))^T,$

$\cdots, ((f+rI)x_m(u) - (f+rI)x_{m-1}(u))^T, ((f+rI)x_1(u) - (f+rI)x_m(u))^T)^T$, then $e^{rt}E(t) =$

$e^{rs}E(s) + \int_s^t e^{ru}p(r, u)du, e^{rt}\|E(t)\| \leq e^{rs}\|E(s)\| + \int_s^t e^{ru}\|p(r, u)\|du$.

For any $r \geq 0, e^{rt}(\|E(t)\|)'_t \leq e^{rt}\|p(r, t)\| - re^{rt}\|E(t)\|, (\|E(t)\|)'_t \leq \|p(r, t)\| - r\|E(t)\|$.

From the document [10], we get the limit $\lim\limits_{r \to +\infty}(\|p(r, t)\| - r\|E(t)\|)$ exists, so the

following conclusion is obtained $(\|E(t)\|)'_t \leq \|p(r, t)\| - r\|E(t)\| \leq \lim\limits_{r \to +\infty}(\|p(r, t)\| -$

$r\|E(t)\|) = \dfrac{\langle F(t) + u(t), E(t)\rangle}{\|E(t)\|} \leq \begin{cases} m_\Omega(F+u)\|E(t)\|, (nT \leq t < nT+\delta), \\ m_\Omega(F)\|E(t)\|, (nT+\delta \leq t < (n+1)T). \end{cases}$

Suppose $\lambda = m_\Omega(F), k = -(m_\Omega(F+u) - \lambda), \rho = k - \lambda$, then the result

$$\|E(t)\| \leq \|E(nT)\|\exp\{-\rho(t-nT)\}$$

for any $nT \leq t < nT+\delta$,

$$\|E(t)\| \leq \|E(nT+\delta)\|\exp\{\lambda(t-nT-\delta)\}$$

for any $nT+\delta \leq t < (n+1)T$ is valid. Therefore

$$\|E(t)\| \leq \begin{cases} \|E(0)\|\exp\{-\rho t + n(\rho+\lambda)(T-\delta)\} \\ (nT \leq t < nT+\delta), \\ \|E(0)\|\exp\{\lambda t - (n+1)(\rho+\lambda)\delta\} \\ (nT+\delta \leq t < (n+1)T) \end{cases} \leq \begin{cases} \|E(0)\|\exp\{-((\rho+\lambda)\delta-\lambda)t\} \\ (nT \leq t < nT+\delta), \\ \|E(0)\|\exp\{-((\rho+\lambda)\delta-\lambda)t\} \\ (nT+\delta \leq t < (n+1)T) \end{cases}$$

$$\leq \|E(0)\|\exp\{-\eta t\}$$

when $t \to +\infty$, $\|E(t)\| \to 0$ is obtained under the condition (8). So the synchroniza-

tion of system (6) is achieved.

3. Synchronization of Multi-chaotic Lorenz Systems and Simulations

In this section, we take chaotic Lorenzsystem:

$$\begin{cases} \dot{x} = 10(y-x) \\ \dot{y} = 28x-xz-y \\ \dot{z} = xy-\dfrac{8}{3}z \end{cases}$$

as a example to demonstrate the proposed approach.

We consider 3 coupled Lorenz systems which are controlled by the controller $u(t)$ with the coupling coefficients k_{ij} which satisfy the condition (8) under the figuration [shown in Fig. 2, respectively] :

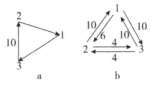

Fig. 2   The coupled mode of 3 Lorenz systems

Let the initial condition be $(0.1, 0.2, 0.3, 1.2, 3, 5, 6, 8, 2)^{T}$, then it can be clearly seen the synchronization phenomenon in Fig. 3(1) ~ Fig. 3(6), respectively.

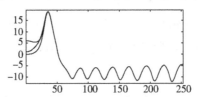

Fig. 3(1)   Synchronization of x_{11}, x_{21} and x_{31}

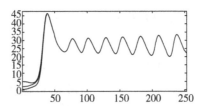

Fig. 3(2)   Synchronization of x_{12}, x_{22} and x_{32}

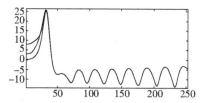

Fig. 3(3)　　**Synchronization of x_{13} , x_{23} and x_{33}**

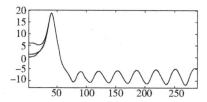

Fig 3(4)　　**Synchronization of x_{11} , x_{21} and x_{31}**

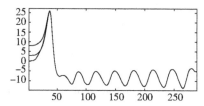

Fig. 3(5)　　**Synchronization of x_{12} , x_{22} and x_{32}**

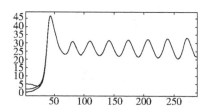

Fig. 3(6)　　**Synchronization of x_{13} , x_{23} and x_{33}**

We consider 4 coupled Lorenz systems which are controlled by the controller $u(t)$ with the coupling coefficients k_{ij} which satisfy the condition (8) under the figuration (shown in Fig. 4. a, Fig. 2. b, Fig. 4. c, respectively.):

Let the initial condition be $(0.1,0.2,0.3,1.2,3,5,6,8,2,1,2,0.9)^T$, then it can be clearly seen the synchronization phenomenon in Fig. 5(1) ~ Fig. 5 (9), respectively.

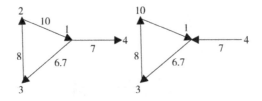

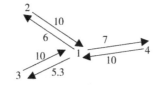

Fig. 4　The coupled mode of 4 Lorenz systems

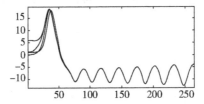

Fig. 5(1)　Synchronization of x_{11}, x_{21} and x_{31}, x_{41}

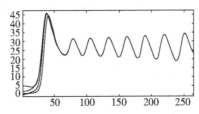

Fig. 5(2)　Synchronization of x_{12}, x_{22} and x_{32}, x_{42}

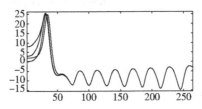

Fig. 5(3)　Synchronization of x_{13}, x_{23} and x_{33}, x_{43}

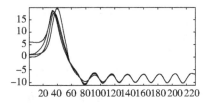

Fig. 5(4) **Synchronization of x_{11}, x_{21} and x_{31}, x_{41}**

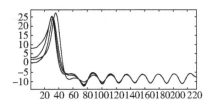

Fig. 5(5) **Synchronization of x_{12}, x_{22} and x_{32}, x_{42}**

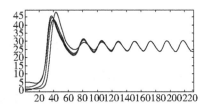

Fig. 5(6) **Synchronization of x_{13}, x_{23} and x_{33}, x_{43}**

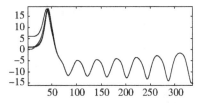

Fig. 5(7) **Synchronization of x_{11}, x_{21} and x_{31}, x_{41}**

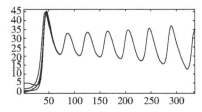

Fig. 5(8) **Synchronization of x_{12}, x_{22} and x_{32}, x_{42}**

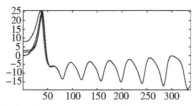

Fig. 5(9) Synchronization of x_{13}, x_{23} and x_{33}, x_{43}

We consider 11 coupled Lorenz systems which are controlled by the controller $u(t)$ under the figuration(shown in Fig. 6):

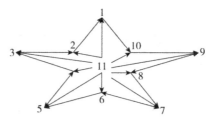

Fig. 6 The five-pointed star mode of 11 Lorenz systems

Let the initial condition be $(0.1, 0.2, 0.3, 2.5, 3, 5, 6, 8, 2, 4, 2, 0.9, 2, 4, 3.9, 3, 4.2, 0.6, 0.2, 0.3, 0.5, 3, 5, 6, 1, 1.5, 1.5, 3.4, 7.6, 3.1, 3.5, 3.4, 7.6)^T$ and the coupling coefficients $k_{12} = k_{1,11} = k_{23} = k_{2,11} = k_{34} = k_{3,11} = k_{45} = k_{4,11} = k_{56} = k_{5,11} = k_{67} = k_{6,11} = k_{78} = k_{7,11} = k_{89} = k_{8,11} = k_{9,10} = k_{9,11} = k_{10,1} = k_{10,11} = 6.9$, other coupling coefficients be 0 which satisfy the condition (7). Then it can be clearly seen the synchronization phenomenon in Fig. 7.

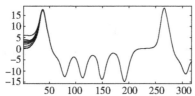

Fig. 7(1) Synchronization of one-component of each sub-system

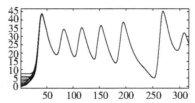

Fig. 7(2) Synchronization of two-component of each sub-system

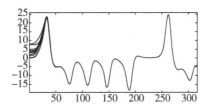

Fig. 7 (3)　Synchronization of three-component of each sub-system

4. Conclusions

Approaches for synchronization of multi-chaotic systems via ring and chain intermittent control and the nonlinear operator named the measure about l^2-norm have been presented in this paper. Strong properties of global and asymptotic synchronization have been achieved in a finite number of steps. The techniques have been successfully applied to multi-chaotic Lorenz systems. Numerical simulations have verified the effectiveness of the method. In addition, this paper also provide new ideas to investigate the synchronization problem of multiple time-delayed systems.

矩阵测度在间歇控制中的应用
Matrix Measure with Application in Quantized Synchronization Analysis of Complex Networks with delayed time via the General Intermittent Control

1. Preliminaries

Let X be a Banach space endowed with the norm $\parallel \ \parallel$, i. e. $\parallel x \parallel = \sqrt{x^T x} = \sqrt{\langle x, x \rangle}$, where $\langle \ , \ \rangle$ is inner product, and Ω be a open subset of X. We consider the following system:

$$\frac{dx}{dt} = -Cx(t) + F(x(t)) + G(x(t-\tau))\qquad(1)$$

where F, G are nonlinear operators defined on Ω, and $x(t), x(t-\tau) \in \Omega$, and τ is a time-delayed positive constant, and $F(0) = G(0) = 0$.

Definition 1: System (1) is called to be exponentially stable on a neighborhood Ω of the equilibrium point, if there exist constants $\mu > 0, \alpha > 0$, such that:

$$\| x(t) \| \leq \alpha \exp(-\mu t) \| x_0 \| \qquad (t > 0) \qquad (2)$$

where $x(t)$ is any solution of (2) initiated from $x(t_0) = x_0$.

Definition 2: Suppose that $M \in R^{n \times n}$ is a matrix. Let $\mu(M)$ be the matrix measure of M defined as:

$$\mu(M) = \lim_{\delta \to 0^+} \frac{\| I + \delta M \| - I}{\delta} \qquad (3)$$

where I is the identity matrix.

Lemma: The matrix measure $\mu(M)$ is well defined for the l^2-norm $\| x \| = \sqrt{x^T x} = \sqrt{\langle x, x \rangle}$, the induced matrix measure is given by:

$$\mu(M) = \max_i \left(\frac{\lambda_i(M + M^T)}{2} \right) \qquad (4)$$

where $\lambda_i(M + M^T)$ denotes all eigenvalues of the matrix $M + M^T$.

2. Estimating the Scope of the State Vestors

We consider the following system:

$$\frac{dx}{dt} = -Cx(t) + f(x(t), y(t)) + g(x(t-\tau)) \qquad (5)$$

$$\frac{dy}{dt} = -Cy(t) + m(x(t), y(t)) + g(y(t-\tau)) \qquad (6)$$

where f, m, g are nonlinear operators defined on Ω, and $x(t), y(t) x(t-\tau), y(t-\tau) \in \Omega$, and τ is a time-delayed positive constant, and $f(0,0) = m(0,0) = g(0) = 0$.

Theorem 1: For any $x, y \in \Omega$ in the system (5), (6), if the operator f, m, g satisfies:

$$\| g(x) - g(y) \| \leq l \| x - y \| \qquad (7)$$

f, m is bound, where l is a positive constant. The solutions $x(t), y(t)$, initiated from $x(t_0) = x_0 \in \Omega$, $y(t_0) = y_0 \in \Omega$, of the system (7) satisfy:

$$\| x - y \| \leq \| x_0 - y_0 \| \exp\{\rho(t - t_0)\}, \forall t \geq 0,$$

where $\rho = \eta + le^{-\eta\tau}$, $\eta = \mu(-C) + \lambda$,

$$\lambda = \max_{\forall t \geqslant 0} \frac{((x(t)-y(t))^T(f(x(t),y(t))-m(x(t),y(t))))}{\| x(t)-y(t) \|^2}.$$

Proof: Under the initial conditions $x(t_0) = x_0 \in \Omega$, $y(t_0) = y_0 \in \Omega$, we have

$$\frac{d \| x(t)-y(t) \|}{dt} - \mu(-C) \| x(t)-y(t) \|$$

$$= \lim_{\delta\to 0^+} \frac{1}{\delta}(\| x(t+\delta)-y(t+\delta) \| - \| I+\delta(-C) \| \| x(t)-y(t) \|)$$

$$\leqslant \lim_{\delta\to 0^+} \frac{1}{\delta}(\| x(t+\delta)-y(t+\delta) \| - \| (I+\delta(-C))(x(t)-y(t)) \|)$$

for any $t \geqslant 0$.

$$\text{Let } u(t,\delta) = x(t+\delta)-y(t+\delta),$$

$$v(t,\delta) = (I+\delta(-C))(x(t)-y(t))$$

$$= (I+\delta(-C))u(t,0),$$

then

$$\frac{d \| x(t)-y(t) \|}{dt} - \mu(-C) \| x(t)-y(t) \|$$

$$\leqslant \lim_{\delta\to 0^+} \frac{1}{\delta}(\sqrt{u^T(t,\delta)u(t,\delta)} - \sqrt{v^T(t,\delta)v(t,\delta)})$$

$$= \lim_{\delta\to 0^+} \frac{1}{\delta} \frac{u^T(t,\delta)u(t,\delta)-v^T(t,\delta)v(t,\delta)}{\sqrt{u^T(t,\delta)u(t,\delta)} + \sqrt{v^T(t,\delta)v(t,\delta)}}$$

$$= \lim_{\delta\to 0^+} \frac{1}{\| u(t,\delta) \| + \| v(t,\delta) \|} \lim_{\delta\to 0^+} \frac{1}{\delta}(u^T(t,\delta)u(t,\delta)-v^T(t,\delta)v(t,\delta))$$

$$= \frac{1}{2 \| x(t)-y(t) \|}(\lim_{\delta\to 0^+} \frac{u^T(t,\delta)u(t,\delta)-u^T(t,0)u(t,0)}{\delta}$$

$$+ u^T(t,0)(C+C^T)u(t,0) + \lim_{\delta\to 0^+}\delta u^T(t,0)(C^TC)u(t,0))$$

$$= \frac{1}{2 \| x(t)-y(t) \|}(\frac{d(u^T(t,0)u(t,0))}{dt} + u^T(t,0)(C+C^T)u(t,0))$$

$$= \frac{1}{2 \| x(t)-y(t) \|}(\frac{d((x(t)-y(t))^T(x(t)-y(t)))}{dt}$$

$$+(x(t)-y(t))^T(C+C^T)(x(t)-y(t))$$

$$=\frac{1}{\|x(t)-y(t)\|}(x(t)-y(t))^T(f(x(t),y(t))-m(x(t),y(t)))$$

$$+(x(t)-y(t))^T(g(x(t-\tau))-g(y(t-\tau)))$$

Using Cauchy-Bunyakovsky Inequality and condition (7), we obtain:

$$\frac{d\|x(t)-y(t)\|}{dt}-\mu(-C)\|x(t)-y(t)\|$$

$$\leqslant \frac{((x(t)-y(t))^T(f(x(t),y(t))-m(x(t),y(t))))}{\|x(t)-y(t)\|}$$

$$+\|g(x(t-\tau))-g(y(t-\tau))\|$$

$$\leqslant \frac{((x(t)-y(t))^T(f(x(t),y(t))-m(x(t),y(t))))}{\|x(t)-y(t)\|^2}\cdot\|x(t)-y(t)\|$$

$$+l\|x(t-\tau)-y(t-\tau)\|$$

$$\leqslant \lambda\|x(t)-y(t)\|+l\|x(t-\tau)-y(t-\tau)\|.$$

So:

$$\frac{d\|x(t)-y(t)\|}{dt}\leqslant(\mu(-C)+\lambda)\|x(t)-y(t)\|$$

$$+l\|x(t-\tau)-y(t-\tau)\|.$$

$$\|x(t)-y(t)\|\leqslant\|x_0-y_0\|e^{(\mu(-C)+\lambda)(t-t_0)}$$

$$+\int_{t_0}^{t}e^{(\mu(-C)+\lambda)(t-t_0)}l\|x(s-\tau)-y(s-\tau)\|ds,$$

Namely:

$$e^{-\eta(t-t_0)}\|x(t)-y(t)\|\leqslant\|x_0-y_0\|$$

$$+\int_{t_0}^{t}le^{n(s-t_0)}\|x(s-\tau)-y(s-\tau)\|ds$$

$$=\|x_0-y_0\|+le^{-n\tau}+\int_{t_0-\tau}^{t-\tau}e^{-\eta(s-t_0)}\|x(s)-y(s)\|ds.$$

Using the Gronwall inequality, we have:

$$e^{-\eta(t-t_0)}\|x(t)-y(t)\|\leqslant\|x_0-y_0\|\exp\{le^{-n\tau}(t-t_0)\},$$

that is:

$$\| x(t)-y(t) \| \leq \| x_0-y_0 \| \exp\{(\alpha+le^{-\eta\tau})(t-t_0)\}.$$

$$\leq \| x_0-y_0 \| \exp\{\rho(t-t_0)\}.$$

3. Synchronization via General Intermittent Control and Examples

Consider a delayed complex dynamical network consisting of N linearly coupled nonidentical nodes described by:

$$\dot{x}_i(t) = -Cx_i(t)+p(x_i(t))+g(x_i(t-\tau)) +\sum_{j=1}^{N}a_{ij}x_j(t)+u_i(t)$$

$$i=1,2,\cdots,N \tag{8}$$

where $x_i=(x_{i1},x_{i2},\cdots,x_{in})^T \in R^n$ is the state vector of the ith node, $p,g:R^n\to R^n$ are nonlinear vector functions, $u_i(t)$ is the control input of the ith node, and $A=(a_{ij})_{N\times N}$ is the coupling figuration matrix representing the coupling strength and the topological structure of the complex networks, in which $a_{ij}>0$ if there is connection from node i to node $j(i\neq j)$, and is zero, otherwise, and the constraint $a_{ii} = -\sum_{j=1,j\neq i}^{N}a_{ij} = -\sum_{i=1,i\neq j}^{N}a_{ij},(i,j = 1,2,\cdots,N)$, is set.

A complex network is said to achieve asymptotical synchronization if

$$x_1(t)=x_2(t)=\cdots=x_N(t)=s(t) \text{ as } t\to\infty \tag{9}$$

where $s(t) \in R^n$ is a solution of a real target node, satisfying:

$$\dot{s}(t) = -Cs(t)+p(s(t))+g(s(t-\tau)) \tag{10}$$

For our synchronization scheme, let us define error vector and control input $u_i(t)$ as follows, respectively:

$$e_i(t)= x_i(t)-s(t),i=1,2,\cdots,N \tag{11}$$

When $h(n)$ is a strictly monotone increasing function on n with $h(0) = 0$, $\lim_{n\to+\infty}h(n)= +\infty$,

$$u_i(t) = \begin{cases} -kq(e_i(t)),(h(n)T\leq t<h(n)T+\delta) \\ 0, \quad (h(n)T+\delta\leq t<h(n+1)T) \end{cases}$$

$$(k>0,i=1,2,\cdots,N) \tag{12}$$

When $h(n)$ is a strictly monotone decreasing function on n with $h(0)=+\infty$, $\lim\limits_{n\to+\infty} h(n)=0$,

$$u_i(t)=\begin{cases} -kq(e_i(t)), & (h(n+1)T\leqslant t<h(n+1)T+\delta) \\ 0, & (h(n+1)T+\delta\leqslant t<h(n)T) \end{cases} \tag{13}$$
$$(k>0, i=1,2,\cdots,N)$$

In this work, the goal is to design suitable function $h(n)$.

And parameters δ, T and k satisfying the condition (7). The error system follows from the

expression (8), (12) and (13)
$$\begin{cases} \dot{e}_1(t)=-C(x_1(t)-s(t))+p(x_1(t))-p(s(t)) \\ \qquad +g(x_1(t-\tau))-g(s(t-\tau)) \\ \qquad +\sum\limits_{j=1}^{N}a_{1j}e_j(t)+u_1(t), \\ \dot{e}_2(t)=-C(x_2(t)-s(t))+p(x_2(t))-p(s(t)) \\ \qquad +g(x_2(t-\tau))-g(s(t-\tau)) \\ \qquad +\sum\limits_{j=1}^{N}a_{2j}e_j(t)+u_2(t), \\ \qquad\vdots \qquad\qquad\qquad \vdots \\ \dot{e}_N(t)=-C(x_N(t)-s(t))+p(x_N(t))-p(s(t)) \\ \qquad +g(x_N(t-\tau))-g(s(t-\tau)) \\ \qquad +\sum\limits_{j=1}^{N}a_{Nj}e_j(t)+u_N(t). \end{cases}$$
$$\tag{14}$$

When $h(n)$ is a strictly monotone increasing function on n with $h(0)=0$, $\lim\limits_{n\to+\infty} h(n)=+\infty$, we obtain the following result:

Theorem 2: Suppose that the operator g in the network (8) satisfies condition (7), and $\mu(-C)$ is defined as Definition 2, $\rho_1=-\eta_1-le^{-\eta_1\tau}$, $\eta_1=\mu(-C)+\lambda-k(1+\Delta)$, $\rho_2=\eta_2+le^{-\eta_2\tau}$, $\eta_2=\mu(-C)+\lambda$, where the constant:

$$\lambda = \max_{\forall t \geqslant 0} \frac{(x(t)-s(t))^{T}(f(x(t),s(t))-m(x(t),s(t)))}{\parallel x(t)-s(t) \parallel^{2}},$$

$$f(x(t),s(t)) = (p(x_1(t)) + \sum_{j=1}^{N} a_{1j}x_j(t))^{T}, \quad (p(x_2(t)) + \sum_{j=1}^{N} a_{2j}x_j(t))^{T},\cdots,$$

$$(p(x_N(t)) + \sum_{j=1}^{N} a_{Nj}x_j(t) + u_N(t))^{T})^{T}, m(x(t),s(t)) = (p(s_1(t)) + \sum_{j=1}^{N} a_{1j}s_j(t))^{T},$$

$$(p(s_2(t)) + \sum_{j=1}^{N} a_{2j}s_j(t))^{T},\cdots, \quad (p(s_N(t)) + \sum_{j=1}^{N} a_{Nj}s_j(t))^{T})^{T}, e(t) = (e_1^{T}(t),$$

$$e_2^{T}(t),\cdots,e_N^{T}(t))^{T}, l = \max\{l_1,l_2,\cdots,l_N\},$$

l_i satisfies $\parallel g(x_i(t-\tau))-g(s(t-\tau)) \parallel \leqslant l_i \parallel e_i(t-\tau) \parallel$. Then the synchronization of network (6) is achieved　if　the parameters　δ, T, k, λ and ζ satisfy:

$$\rho_1 > 0, \rho_2 > 0,$$

$$\inf((\rho_1+\rho_2)\delta \frac{h^{-1}((t-\delta)/T)}{t} - \rho_2) \geqslant \zeta > 0 \tag{15}$$

where $h^{-1}(\cdot)$ is the inverse function of the function $h(\cdot)$.

Proof: From Theorem 1, the following conclusion is valid:

$$\parallel e(t) \parallel \leqslant \parallel e(h(n)T) \parallel \exp\{-\rho_1(t-h(n)T)\} \tag{16}$$

for any $h(n)T \leqslant t < h(n)T+\delta$;

$$\parallel e(t) \parallel \leqslant \parallel e(h(n)T+\delta) \parallel \exp\{\rho_2(t-h(n)T-\delta)\} \tag{17}$$

for any $h(n)T+\delta \leqslant t < h(n+1)T$.

In the following, we use mathematical induction to prove, for any nonnegativeinteger n,

$$\parallel e(t) \parallel \leqslant \begin{cases} \parallel e(0) \parallel \exp\{-\rho_1 t+(\rho_1+\rho_2)h(n)T-n(\rho_1+\rho_2)\delta\} \\ (h(n)T \leqslant t < h(n)T+\delta) \\ \parallel e(0) \parallel \exp\{\rho_2 t-(n+1)(\rho_1+\rho_2)\delta\} \\ (h(n)T+\delta \leqslant t < h(n+1)T) \end{cases} \tag{18}$$

(a) For $n=0$, from (16) and (17), we can see that:

(i) For　$h(0)T \leqslant t < h(0)T+\delta$,

$$\parallel e(t) \parallel \leqslant \parallel e(h(0)T) \parallel \exp\{-\rho_1(t-h(0)T)\}$$

$$= \parallel e(0) \parallel \exp\{-\rho_1 t+(\rho_1+\rho_2)h(0)T-0 \cdot (\rho_1+\rho_2)\delta\},$$

$$\| e(h(0)T+\delta) \| \leqslant \| e(h(0)T) \| \exp\{-\rho_1(h(0)T+\delta-h(0)T)\}$$
$$= \| e(0) \| \exp\{-\rho_1\delta\} .$$

(ii) For $h(0)T+\delta \leqslant t < h(1)T$,
$$\| e(t) \| \leqslant \| e(h(0)T+\delta) \| \exp\{\rho_2(t-h(0)T-\delta)\}$$
$$\leqslant \| e(0) \| \exp\{-\rho_1\delta\} \exp\{\rho_2(t-h(0)T-\delta)\}$$
$$= \| e(0) \| \exp\{\rho_2 t-(\rho_1+\rho_2)\delta)\}$$
$$= \| e(0) \| \exp\{\rho_2 t-(0+1)(\rho_1+\rho_2)\delta)\} .$$

So (18) is true for $n=0$.

(b) Assume that (18) is true for all $n \leqslant j$, that is:
$$\| e(t) \| \leqslant \| e(0) \| \exp\{-\rho_1 t+(\rho_1+\rho_2)h(j)T-j(\rho_1+\rho_2)\delta\} ,$$
$$t \in [h(j)T,h(j)T+\delta) ,$$
$$\| e(t) \| \leqslant \| e(0) \| \exp\{\rho_2 t-(j+1)(\rho_1+\rho_2)\delta\} ,$$
$$t \in [h(j)T+\delta,h(j+1)T) ,$$
$$\| e(h(j+1)T) \| \leqslant \| e(0) \| \exp\{\rho_2 h(j+1)T-(j+1)(\rho_1+\rho_2)\delta\} .$$

We will prove (18) is also true when $n=j+1$. From (16) and (17), it is easy to see that:
$$\| e(t) \| \leqslant \| e(h(j+1)T) \| \exp\{-\rho_1(t-h(j+1)T)\} ,$$
$$t \in [h(j+1)T,h(j+1)T+\delta) ,$$
$$\| e(t) \| \leqslant \| e(h(j+1)T+\delta) \| \exp\{\rho_2(t-h(j+1)T-\delta\} ,$$
$$t \in [h(j+1)T+\delta,h(j+2)T) .$$

Then, for $t \in [h(j+1)T,h(j+1)T+\delta)$, we have
$$\| e(t) \| \leqslant \| e(0) \| \exp\{\rho_2 h(j+1)T-(j+1)(\rho_1+\rho_2)\delta\} \exp\{-\rho_1(t-h(j+1)T)\}$$
$$= \| e(0) \| \exp\{-\rho_1 t+(\rho_1+\rho_2)h(j+1)T-(j+1)(\rho_1+\rho_2)\delta\} ,$$
$$\| e(h(j+1)T+\delta) \| \leqslant \| e(0) \| \exp\{-\rho_1(h(j+1)T+\delta)$$
$$+(\rho_1+\rho_2)h(j+1)T-(j+1)(\rho_1+\rho_2)\delta\} ,$$

and also, for $t \in [h(j+1)T+\delta,h(j+2)T)$, it follows from above results that:
$$\| e(t) \| \leqslant \| e(0) \| \exp\{-\rho_1(h(j+1)T+\delta)+(\rho_1+\rho_2)h(j+1)T$$
$$-(j+1)(\rho_1+\rho_2)\delta\} \exp\{\rho_2(t-h(j+1)T-\delta\}$$

From above discussion, we can see that
$$= \| e(0) \| \exp\{\rho_2 t-(j+2)(\rho_1+\rho_2)\delta\} .$$

the (18) is always correct for any nonnegative integer n.

When $h(n)$ is a strictly monotone increasing function on n and $h(n)T \leq t < h(n)T + \delta$, it is easy to obtain:

$$\frac{t-\delta}{T} < h(n) \leq \frac{t}{T}, \quad h^{-1}(\frac{t-\delta}{T}) < n \leq h^{-1}(\frac{t}{T}),$$

$$-\rho_1 t + (\rho_1 + \rho_2) h(n) T - n(\rho_1 + \rho_2)\delta \leq -\rho_1 t + (\rho_1 + \rho_2) t - (\rho_1 + \rho_2)\delta h^{-1}(\frac{t-\delta}{T})$$

$$= \rho_2 t - (\rho_1 + \rho_2)\delta h^{-1}(\frac{t-\delta}{T}) = -\left[(\rho_1 + \rho_2)\delta \frac{h^{-1}(\frac{t-\delta}{T})}{t} - \rho_2 \right] t.$$

When $h(n)$ is a strictly monotone increasing function on n and $h(n)T + \delta \leq t < h(n+1)T$, it follows that:

$$h^{-1}(\frac{t}{T}) < (n+1) \leq h^{-1}(\frac{t-\delta}{T}) + 1, \rho_2 t - (n+1)(\rho_1 + \rho_2)\delta \leq \rho_2 t - (\rho_1 + \rho_2)\delta h^{-1}(\frac{t}{T})$$

$$= -\left[(\rho_1 + \rho_2)\delta \frac{h^{-1}(\frac{t}{T})}{t} - \rho_2 \right] t, h^{-1}(\frac{t-\delta}{T}) < h^{-1}(\frac{t}{T}),$$

then $\rho_2 t - (n+1)(\rho_1 + \rho_2)\delta \leq -\left[(\rho_1 + \rho_2)\delta \frac{h^{-1}(\frac{t-\delta}{T})}{t} - \rho_2 \right] t.$

Therefore

$$\| e(t) \| \leq \| e(0) \| \exp\left\{ -\left[(\rho_1 + \rho_2)\delta \frac{h^{-1}(t-\delta/T)}{t} - \rho_2 \right] t \right\}$$

$$\leq \| e(0) \| \exp\{ -\zeta t \}, \quad t \in [h(n)T, h(n+1)T],$$

when $n \to +\infty$, $t \to +\infty$, $\| e(t) \| \to 0$ is obtained under the condition (15). So the synchronization of the network (8) is achieved.

When $h(n)$ is a strictly monotone decreasing function on n with $\lim\limits_{n \to +\infty} h(n) = 0, h(0) = +\infty$, we obtain the following result:

Theorem 3: Suppose that the operator g in the network (8) satisfies condition (7), and $\mu(-C)$ is defined as Definition 2, $\rho_1 = -\eta_1 - le^{-\eta_1 \tau}, \eta_1 = \mu(-C) + \lambda - k(1+\Delta)$,

$\rho_2 = \eta_2 + le^{-\eta_2 \tau}$, $\eta_2 = \mu(-C) + \lambda$, where the constant $\lambda =$

$$\max_{\forall t \geqslant 0} \frac{(x(t)-s(t))^T(f(x(t),s(t))-m(x(t),s(t)))}{\|x(t)-s(t)\|^2}, \quad e(t) \text{ are the same as Theo-}$$

rem 2. Then the synchronization of networks (6) is achieved if the parameters δ, T, k, λ and ζ satisfy:

$$\rho_1 > 0, \rho_2 > 0,$$

$$\inf((\rho_1+\rho_2)\delta \frac{h^{-1}(t/T)}{t} - \rho_2) \geqslant \zeta > 0 \tag{19}$$

where $h^{-1}(\cdot)$ is the inverse function of the function $h(\cdot)$.

Proof: From Theorem 1, the following conclusion is valid:

$$\|e(t)\| \leqslant \|e(h(n+1)T)\| \exp\{-\rho_1(t-h(n+1)T)\} \tag{20}$$

for any $h(n+1)T \leqslant t < h(n+1)T+\delta$;

$$\|e(t)\| \leqslant \|e(h(n+1)T+\delta)\| \exp\{\rho_2(t-h(n+1)T-\delta)\} \tag{21}$$

for any $h(n+1)T+\delta \leqslant t < h(n)T$.

From (20) and (21), imitating Theorem 2, we can prove:

$$\|e(t)\| \leqslant \begin{cases} \|e(h(n+1)T)\| \exp\{g_1(t,n)\} & (h(n+1)T \leqslant t < h(n+1)T+\delta) \\ \|e(h(n+1)T)\| \exp\{g_2(t,n)\} & (h(n+1)T+\delta \leqslant t < h(n)T) \end{cases}$$

$$\leqslant \begin{cases} \|e(h(n+1)T)\| \exp\{g_3(t,n)\} & (h(n+1)T \leqslant t < h(n+1)T+\delta) \\ \|e(h(n+1)T)\| \exp\{g_4(t,n)\} & (h(n+1)T+\delta \leqslant t < h(n)T) \end{cases}$$

$$\leqslant \|e(0)\| \exp\left\{-\left[(\rho_1+\rho_2)\delta \frac{h^{-1}(t/T)}{t} - \rho_2\right]t\right\}$$

$$\leqslant \|e(0)\| \exp\{-\zeta t\}$$

where $g_1(t,n) = -\rho_1 t + (\rho_1+\rho_2)h(n+1)T - (n+1)(\rho_1+\rho_2)\delta$

$$g_2(t,n) = \rho_2 t - (n+2)(\rho_1+\rho_2)\delta, g_3(t,n) = -((\rho_1+\rho_2)\delta \frac{h^{-1}(t/T)}{t} - \rho_2)t$$

$$g_3(t,n) = -((\rho_1+\rho_2)\delta \frac{h^{-1}(t/T)}{t} - \rho_2)t, g_4(t,n) = -((\rho_1+\rho_2)\delta \frac{h^{-1}((t-\delta)/T)}{t} - \rho_2)t.$$

when $t \to +\infty$, $\|e(t)\| \to 0$ is obtained under the condition (19). So the synchronization of network (8) is achieved.

Corollary 1: Supposing that $h(n) = p_1 n, \delta = p_2 T, p_1 > 0, p_2 > 0$, and the rest of restricted conditions are invariable. Then the synchronization of the network (6) is achieved if the parameters δ, T and k, ζ satisfy:

$$\rho_1 > 0, \rho_2 > 0, (\rho_1 + \rho_2)\delta \frac{p_2}{p_1} - \rho_2 \geqslant \zeta > 0 \tag{22}$$

Corollary 2: when we add normally distributed white noise $randn(size(t))$, the result similar to Theorem 2 and Theorem 3 is obtained if the condition (15) or (16), respectively, is satisfied.

In the simulations of following examples, we always choose $N = 5, T = 4, \delta = 2.4, k = 10$, the matrix:

$$A = \begin{pmatrix} -5 & 4 & 1 & 0 & 0 \\ 2 & -6 & 0 & 2 & 2 \\ 0 & 1 & -1 & 0 & 0 \\ 3 & 1 & 0 & -4 & 0 \\ 0 & 0 & 0 & 2 & -2 \end{pmatrix}.$$

Let the initial condition be $(x_1^T, x_2^T, x_3^T, x_4^T, x_5^T, s^T) = (17, 12.8, 0.5, 0.6, 0.7, 0.8, 1,$ $1.3, 1.8, 1.9, 3, 4)$.

Example 1: Consider a delayed system:

$$\begin{cases} \dfrac{dx_1(t)}{dt} = -0.1x_1(t) + 0.4\sin x_2(t-2) \\ \dfrac{dx_2(t)}{dt} = -0.1x_2(t) + 0.3\sin x_1(t-2) \end{cases} \tag{23}$$

The function $h(n) = 2n + \ln(n+1)$, $h(n) = 3/n + (n+1)/n^2$, which are the strictly monotone increasing or decreasing function on n, respectively, then they can be clearly seen that the synchronization of network (8), which is composed of system (23), is realized in Fig. 1, Fig. 2 and Fig. 3, Fig. 4 (Excited by parameter white-noise), respectively.

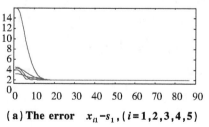

(a) The error $x_{i1} - s_1, (i = 1, 2, 3, 4, 5)$

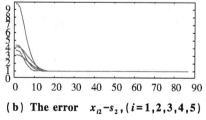

(b) The error $x_{i2} - s_2, (i = 1, 2, 3, 4, 5)$

Fig. 1　Synchronization error when $h(n) = 2n + \ln(n+1)$

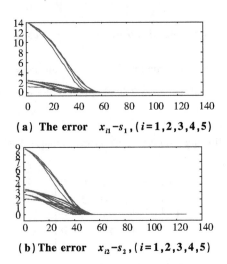

（a）The error $\quad x_{i1}-s_1$，$(i=1,2,3,4,5)$

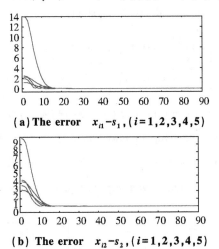

（b）The error $\quad x_{i2}-s_2$，$(i=1,2,3,4,5)$

Fig. 2 **Synchronization error when** $\quad h(n)=2n+\ln(n+1)$

Note：white noise $\quad 0.5(x_i-s)randn(size(t))$，$(i=1,2,3,4,5)$.

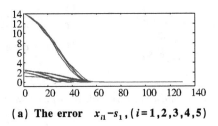

（a）The error $\quad x_{i1}-s_1$，$(i=1,2,3,4,5)$

（b）The error $\quad x_{i2}-s_2$，$(i=1,2,3,4,5)$

Fig. 3 **Synchronization error when** $\quad h(n)=3/n+(n+1)/n^2$

（a）The error $\quad x_{i1}-s_1$，$(i=1,2,3,4,5)$

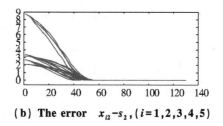

（b）The error $x_{i2}-s_2$, $(i=1,2,3,4,5)$

Fig. 4　Synchronization error when $h(n)=3/n+(n+1)/n^2$

Note：white noise $0.5(x_i-s)randn(size(t))$, $(i=1,2,3,4,5)$.

4. Conclusion

Approaches for Quantized Synchronization of Complex Networks with Delayed time Via General Intermittent Which use the Nonlinear Operator Named the Matrix Measure Have Been Presented in this Paper. Strong Properties of Global and Exponential Synchronization Have Been Achieved in a Finite Number of Steps. Numerical Simulations have Verified the Effectiveness of the Method.

使用采样数据控制的时变时滞神经网络间歇同步

Intermittent Synchronization of Time-varying Delays Neural Networks using Sampled-data Control

1. Preliminaries

Consider a delayed neural network with n neurons as follows：

$$\dot{x}(t) = -Ax(t) + W_0 g(x(t)) + W_1 g(x(t-\tau(t))) \tag{1}$$

in which $x(t)=(x_1(t), x_2(t), \cdots, x_n(t))^T \in R^n$ is the state vector of the neural network；$A=diag(a_1, a_2, \cdots, a_n)$ is a diagonal matrix with positive entries $a_i>0$；W_0 and W_1 are the connection weight matrix the delayed connection weight matrix，respectively；$g(x(t))=(g_1(x_1(t)), g_2(x_2(t)), \cdots, g_n(x_n(t)))^T$ denotes the neuron activation function; and $\tau(t)$ denotes the time-varying bounded state delay satisfying:

$$0 \leqslant \tau(t) \leqslant \mu, \dot{\tau}(t) \leqslant \nu < 1 \qquad (2)$$

where μ and ν are scalar constants.

Defintion: System (1) is called to be exponentially stable on a neighborhood Ω of the equilibrium point, if there exist constants $\beta > 0, \alpha > 0$, such that:

$$\| x(t) \| \leqslant \alpha \exp(-\beta t) \| x_0 \| \qquad (t > 0) \qquad (3)$$

where $x(t)$ is any solution of (1) initiated from $x(t_0) = x_0$.

The neuron activation function $g(\cdot)$ is assumed to satisfy the following sector bounded condition:

$$F_i^- \leqslant \frac{g_i(\alpha_1) - g_i(\alpha_2)}{\alpha_1 - \alpha_2} \leqslant F_i^+, \ i = 1, 2, \cdots, n. \qquad (4)$$

The master system is (1), and the slave system is:

$$\dot{y}(t) = -Ay(t) + W_0 g(y(t)) + W_1 g(y(t - \tau(t))) + \mu(t) \qquad (5)$$

By defining the error signal as $e(t) = y(t) - x(t)$, the error system can be:

$$\dot{e}(t) = -Ae(t) + W_0 f(e(t)) + W_1 f(e(t - \tau(t))) + u(t) \qquad (6)$$

where $f(e(t)) = g(y(t)) - g(x(t))$. It can be found from (4) that the functions $f_i(e_i(t)) = g_i(y_i(t)) - g_i(x_i(t))$ satisfy the following condition:

$$F_i^- \leqslant \frac{f_i(e_i(t))}{e_i(t)} \leqslant F_i^+, \ i = 1, 2, \cdots, n, e_i(t) \neq 0 \qquad (7)$$

We take $u(t) = \begin{cases} ke(h(k)T), & h(k)T \leqslant t < h(k)T + \delta \\ 0, & h(k)T + \delta \leqslant t \leqslant h(k+1)T \end{cases}$, where $h(k)$ is a strictly mono-

tone increasing function on k with $h(0) = 0, \lim\limits_{k \to +\infty} h(k) = +\infty$, δ denotes the switching width, T denotes the control period, $0 < \delta < (h(k+1) - h(k))T$,

Let $t_k = h(k)T, t_{k+1} - t_k = h_k \leqslant h, d(t) = t - t_k$. The error system becomes:

$$\dot{e}(t) = \begin{cases} -Ae(t) + W_0 f(e(t)) + W_1 f(e(t - \tau(t))) + ke(t - d(t)), & t_k \leqslant t < t_k + \delta \\ -Ae(t) + W_0 f(e(t)) + W_1 f(e(t - \tau(t))), & t_k + \delta \leqslant t < t_{k+1} \end{cases} \qquad (8)$$

It can be found from $d(t) = t - t_k$ that $0 \leqslant d(t) \leqslant h, \dot{d}(t) = 1.$

2. Main Results and Proofs

To present the main results of this section, we first denote:

$$F_1 = diag\{F_1^- F_1^+, F_2^- F_2^+, \cdots, F_n^- F_n^+\}, F_2 = diag\{\frac{F_1^- + F_1^+}{2}, \frac{F_2^- + F_2^+}{2}, \cdots, \frac{F_n^- + F_n^+}{2}\} \quad (9)$$

and give the following lemmas:

Lemma 1: If the non-negative function $\varpi(t), t \in [0, +\infty)$ satisfies the follows:

$$\varpi(t) \leqslant \varpi(h(n)T)\exp\{-r(t-h(n)T)\} \quad (10)$$

for $h(n)T \leqslant t < h(n)T + \delta$, and:

$$\varpi(t) \leqslant \varpi(h(n)T+\delta)\exp\{\eta(t-h(n)T-\delta)\} \quad (11)$$

for $h(n)T+\delta \leqslant t < h(n+1)T$, then the following inequality holds:

$$\varpi(t) \leqslant \varpi(0)\exp\{-((r+\eta)\delta\frac{h^{-1}((t-\delta)/T)}{t}-\eta)t\}, t \geqslant 0 \quad (12)$$

where $h(n)$ is a strictly monotone increasing function on n with $h(0)=0$, $\lim\limits_{n \to +\infty}h(n) = +\infty$, $0 < \delta < (h(n+1)-h(n))T$, $h^{-1}(\cdot)$ is the inverse function of the function $h(\cdot)$.

Lemma 2 (Jensen's Inequality): For any constant matrix $W > 0$, scalars γ_1 and γ_2 satisfying $\gamma_2 > \gamma_1$, a vector function $\omega:[\gamma_1, \gamma_2] \to R^n$ such that the integrations concerned are well defined, then:

$$(\gamma_2 - \gamma_1)\int_{\gamma_1}^{\gamma_2}\omega^T(s)W\omega(s)ds \geqslant \left[\int_{\gamma_1}^{\gamma_2}\omega(s)ds\right]^T W\left[\int_{\gamma_1}^{\gamma_2}\omega(s)ds\right] \quad (13)$$

Theorem 1: Given scalars $p_1, p_2, r > 0, \eta > 0$, the switching width δ, the control period $T, 0 < \delta < t_{k+1} - t_k$, if there exist matrices $P > 0, Q_i > 0, Z_i > 0, i = 1, 2, 3,$ G_1, G_2, K, and diagonal matrices $\Lambda_1 > 0, \Lambda_2 > 0$ such that:

$$\Xi = \begin{pmatrix} P_{11}+rI & P_{12} & P_{13} & P_{14} & P_{15} & P_{16} & P_{17} & P_{18} \\ * & P_{22} & P_{23} & P_{24} & P_{25} & P_{26} & P_{27} & P_{28} \\ * & * & P_{33} & P_{34} & P_{35} & P_{36} & P_{37} & P_{38} \\ * & * & * & P_{44} & P_{45} & P_{46} & P_{47} & P_{48} \\ * & * & * & * & P_{55} & P_{56} & P_{57} & P_{58} \\ * & * & * & * & * & P_{66} & P_{67} & P_{68} \\ * & * & * & * & * & * & P_{77} & P_{78} \\ * & * & * & * & * & * & * & P_{88} \end{pmatrix} \leqslant 0 \quad (14)$$

$$\Theta = \begin{pmatrix} m_{11}-\eta I & m_{12} & m_{13} & m_{14} & m_{15} & m_{16} \\ * & m_{22} & m_{23} & m_{24} & m_{25} & m_{26} \\ * & * & m_{33} & m_{34} & m_{35} & m_{36} \\ * & * & * & m_{44} & m_{45} & m_{46} \\ * & * & * & * & m_{55} & m_{56} \\ * & * & * & * & * & m_{66} \end{pmatrix} \leqslant 0 \qquad (15)$$

$$\inf \left[(r+\eta)\delta \frac{h^{-1}\left(\dfrac{t-\delta}{T}\right)}{t} - \eta \right] > 0 \qquad (16)$$

where

$p_{11} = -PA - A^T P + Q_1 + Q_2 + Q_3 - \dfrac{1}{\mu} Z_1 - \dfrac{1-v}{\mu} Z_2 - \dfrac{1}{h} Z_3 - F_1 \Lambda_1 - G_1 A - A^T G_1^T$,

$p_{12} = \dfrac{1}{\mu} Z_1 + \dfrac{1-v}{\mu} Z_2$, $p_{13} = 0$,

$p_{14} = PW_0 + F_2 \Lambda_1 + G_1 W_0$, $p_{15} = PW_1 + G_1 W_1$, $p_{16} = -G_1 - p_1 A^T G_1^T$,

$p_{17} = PK + \dfrac{1}{h} Z_3 + G_1 K$, $p_{18} = 0$, $p_{22} = -\dfrac{2}{\mu} Z_1 - (1-v) Q_2 - \dfrac{1-v}{\mu} Z_2 - F_1 \Lambda_2$, $p_{23} = \dfrac{1}{\mu} Z_1$,

$p_{24} = 0$, $p_{25} = F_2 \Lambda_2$, $p_{26} = p_{27} = p_{28} = 0$, $p_{33} = -Q_1 - \dfrac{1}{\mu} Z_1$,

$p_{34} = p_{35} = p_{36} = p_{37} = p_{38} = 0$, $p_{44} = -\Lambda_1$, $p_{45} = 0$, $p_{46} = p_1 W_0^T G_1^T$,

$p_{47} = p_{48} = 0$, $p_{55} = -\Lambda_2$, $p_{56} = p_1 W_1^T G_1^T$, $p_{57} = p_{58} = 0$, $p_{66} = \mu Z_1 + \mu Z_2 + h Z_3 - p_1 G_1 - p_1 G_1^T$,

$p_{67} = p_1 G_1 K$, $p_{68} = 0$, $p_{77} = -\dfrac{2}{h} Z_3$, $p_{78} = \dfrac{1}{h} Z_3$, $p_{88} = -Q_3 - \dfrac{1}{h} Z_3$,

$m_{11} = -PA - A^T P + Q_1 + Q_2 - \dfrac{1}{\mu} Z_1 - \dfrac{1-v}{\mu} Z_2 - F_1 \Lambda_1 - G_2 A - A^T G_2^T$, $m_{12} = \dfrac{1}{\mu} Z_1 + \dfrac{1-v}{\mu} Z_2$,

$m_{13} = 0$, $m_{14} = PW_0 + F_2 \Lambda_1 + G_2 W_0$, $m_{15} = PW_1 + G_2 W_1$, $m_{16} = -G_2 - p_2 A^T G_2^T$,

$m_{22} = -\dfrac{2}{\mu} Z_1 - (1-v) Q_2 - \dfrac{1-v}{\mu} Z_2 - F_1 \Lambda_2$, $m_{23} = \dfrac{1}{\mu} Z_1$, $m_{24} = 0$, $m_{25} = F_2 \Lambda_2$, $m_{26} = 0$,

$m_{33} = -Q_1 - \dfrac{1}{\mu} Z_1$, $m_{34} = m_{35} = m_{36} = 0$, $m_{44} = -\Lambda_1$, $m_{45} = 0$, $m_{46} = p_2 W_0^T G_2^T$, $m_{55} = -\Lambda_2$,

$m_{56} = p_2 W_1^T G_2^T$, $m_{66} = \mu Z_1 + \mu Z_2 - p_2 G_2 - p_2 G_2^T$, then the synchronization of system (1)

and (5) is achieved.

Proof: From the error system (8), for any appropriately dimensioned matrices G_1, G_2 and scalars p_1, p_2, the following equations hold:

$$0 = 2(e^T(t)G_1 + p_1\dot{e}^T(t)G_1)(-\dot{e}(t) - Ae(t) + W_0 f(e(t))$$
$$+ W_1 f(e(t-\tau(t))) + ke(t-d(t))), \quad t_k \leq t < t_k + \delta, \tag{17}$$

$$0 = 2(e^T(t)G_2 + p_2\dot{e}^T(t)G_2)(-\dot{e}(t) - Ae(t) + W_0 f(e(t))$$
$$+ W_1 f(e(t-\tau(t)))), \quad t_k + \delta \leq t < t_{k+1}. \tag{18}$$

On the other hand, we have from (5) that for any $i = 1, 2, \cdots, n$,

$$(f_i(e_i(t)) - F_i^- e_i(t))(f_i(e_i(t)) - F_i^+ e_i(t)) \leq 0 \tag{19}$$

which is equivalent to:

$$\varphi^T(t)\begin{pmatrix} F_i^- - F_i^+ \hat{I}_i\hat{I}_i^T & -\dfrac{F_i^- + F_i^+}{2}\hat{I}_i\hat{I}_i^T \\ -\dfrac{F_i^- + F_i^+}{2}\hat{I}_i\hat{I}_i^T & \hat{I}_i\hat{I}_i^T \end{pmatrix}\varphi(t) \leq 0 \tag{20}$$

where $\varphi(t) = (e^T(t), (f(e(t)))^T)^T$, $\hat{I}_i$ denotes the unit column vector having element on its i-th row and zeros elsewhere. Thus, for any appropriately dimensioned diagonal matrix $\Lambda_1 > 0$, the following inequality holds:

$$0 \leq \varphi^T(t)\begin{pmatrix} -F_1\Lambda_1 & F_2\Lambda_1 \\ * & -\Lambda_1 \end{pmatrix}\varphi(t) \tag{21}$$

Similarly, for any appropriately dimensioned diagonal matrix $\Lambda_2 > 0$, the following inequality also holds:

$$0 \leq \varphi^T(t-\tau(t))\begin{pmatrix} -F_1\Lambda_2 & F_2\Lambda_2 \\ * & -\Lambda_2 \end{pmatrix}\varphi(t-\tau(t)) \tag{22}$$

Consider the following Lyapunov functional:

$$V_1(t) = e^T(t)Pe(t),$$

$$V_2(t) = \int_{t-\mu}^{t} e^T(s)Q_1 e(s)ds + \int_{-\mu}^{0}\int_{t+\theta}^{t} \dot{e}^T(s)Z_1\dot{e}(s)dsd\theta,$$

$$V_3(t) = \int_{t-\tau(t)}^{t} e^T(s)Q_2 e(s)ds + \int_{-\tau(t)}^{0}\int_{t+\theta}^{t} \dot{e}^T(s)Z_2\dot{e}(s)dsd\theta,$$

$$V_4(t) = \int_{t-h}^{t} e^T(s) Q_1 e(s) ds + \int_{-h}^{0} \int_{t+\theta}^{t} \dot{e}^T(s) Z_1 \dot{e}(s) ds d\theta. \tag{23}$$

The time derivatives of V_1, V_2, V_3, V_4 along the systems (8), respectively, satisfy:

$$\dot{V}_1(t) = e^T(t)(-PA-A^TP)e(t) + 2e^T(t)PW_0 f(e(t))$$
$$+ 2e^T(t)PW_1 f(e(t-\tau(t))) + 2e^T(t)Pu(t)$$

$$= \begin{cases} e^T(t)(-PA-A^TP)e(t) + 2e^T(t)PW_0 f(e(t)) + 2e^T(t)PW_1 f(e(t-\tau(t))) \\ \qquad + 2e^T(t)Pke(t-d(t)), t_k \leqslant t < t_k + \delta, \\ e^T(t)(-PA-A^TP)e(t) + 2e^T(t)PW_0 f(e(t)) + 2e^T(t)PW_1 f(e(t-\tau(t))), \\ \qquad t_k + \delta \leqslant t < t_{k+1}. \end{cases}$$

$$\dot{V}_2(t) = e^T(t)Q_1 e(t) - e^T(t-\mu)Q_1 e(t-\mu) + \mu \dot{e}^T(t)Z_1 \dot{e}(t) - \int_{-\mu}^{0} \dot{e}^T(t+\theta)Z_1 \dot{e}(t+\theta) d\theta$$

$$= e^T(t)Q_1 e(t) + \mu \dot{e}^T(t)Z_1 \dot{e}(t) - e^T(t-\mu)Q_1 e(t-\mu) - \int_{t-\mu}^{t} \dot{e}^T(s)Z_1 \dot{e}(s) ds.$$

For $-\int_{t-\mu}^{t} \dot{e}^T(s)Z_1 \dot{e}(s) ds$, by using Lemma 2, we obtain:

$$-\int_{t-\mu}^{t} \dot{e}^T(s)Z_1 \dot{e}(s) ds = -\int_{t-\tau(t)}^{t} \dot{e}^T(s)Z_1 \dot{e}(s) ds - \int_{t-\mu}^{t-\tau(t)} \dot{e}^T(s)Z_1 \dot{e}(s) ds$$

$$\leqslant -\frac{1}{\mu} \left(\int_{t-\tau(t)}^{t} \dot{e}^T(s) ds \right)^T Z_1 \left(\int_{t-\tau(t)}^{t} \dot{e}^T(s) ds \right) - \frac{1}{\mu-\tau(t)}$$

$$\left(\int_{t-\mu}^{t-\tau(t)} \dot{e}^T(s) ds \right)^T Z_1 \left(\int_{t-\mu}^{t-\tau(t)} \dot{e}^T(s) ds \right)$$

$$= -\frac{1}{\mu}(e(t)-e(t-\tau(t)))^T Z_1(e(t)-e(t-\tau(t)))$$

$$-\frac{1}{\mu-\tau(t)}(e(t-\tau(t))-e(t-\mu))^T Z_1(e(t-\tau(t))-e(t-\mu))$$

$$\leqslant -\frac{1}{\mu}(e(t)-e(t-\tau(t)))^T Z_1(e(t)-e(t-\tau(t)))$$

$$-\frac{1}{\mu}(e(t-\tau(t))-e(t-\mu))^T Z_1(e(t-\tau(t))-e(t-\mu)).$$

So we have:

$$\dot{V}_2(t) \leqslant e^T(t) Q_1 e(t) + \mu \dot{e}^T(t) Z_1 \dot{e}(t) - e^T(t-\mu) Q_1 e(t-\mu)$$

$$-\frac{1}{\mu}(e(t) - e(t-\tau(t)))^T Z_1(e(t) - e(t-\tau(t)))$$

$$-\frac{1}{\mu}(e(t-\tau(t)) - e(t-\mu))^T Z_1(e(t-\tau(t)) - e(t-\mu)).$$

Similarly, the following inequalities hold:

$$\dot{V}_3(t) = e^T(t) Q_2 e(t) - (1-v) e^T(t-\tau(t)) Q_2 e(t-\tau(t))$$

$$+ \int_{t-\tau(t)}^{t} \dot{e}^T(s) Z_2 \dot{e}(s) ds \cdot \dot{\tau}(t) + \tau(t) \dot{e}^T(t) Z_2 \dot{e}(t) - \int_{-\tau(t)}^{0} \dot{e}^T(t+\theta) Z_2 \dot{e}(t+\theta) d\theta$$

$$= e^T(t) Q_2 e(t) - (1-v) e^T(t-\tau(t)) Q_2 e(t-\tau(t))$$

$$+ \int_{t-\tau(t)}^{t} \dot{e}^T(s) Z_2 \dot{e}(s) ds \cdot \dot{\tau}(t) + \tau(t) \dot{e}^T(t) Z_2 \dot{e}(t) - \int_{-\tau(t)}^{1} \dot{e}^T(s) Z_2 \dot{e}(s) ds$$

$$\leqslant e^T(t) Q_2 e(t) - (1-v) e^T(t-\tau(t)) Q_2 e(t-\tau(t))$$

$$-(1-v) \int_{t-\tau(t)}^{t} \dot{e}^T(s) Z_2 \dot{e}(s) ds + u \dot{e}^T(t) Z_2 \dot{e}(t)$$

$$= e^T(t) Q_2 e(t) + \mu \dot{e}^T(t) Z_2 \dot{e}(t) - (1-v) e^T(t-\tau(t)) Q_2 e(t-\tau(t))$$

$$-(1-v) \int_{t-\tau(t)}^{t} \dot{e}^T(s) Z_2 \dot{e}(s) ds$$

$$\leqslant e^T(t) Q_2 e(t) + \mu \dot{e}^T(t) Z_2 \dot{e}(t) - (1-v) e^T(t-\tau(t)) Q_2 e(t-\tau(t))$$

$$-\frac{(1-v)}{\tau(t)} \left(\int_{t-\tau(t)}^{t} \dot{e}^T(s) ds \right)^T Z_2 \left(\int_{t-\tau(t)}^{t} \dot{e}^T(s) ds \right)$$

$$\leqslant e^T(t) Q_2 e(t) + \mu \dot{e}^T(t) Z_2 \dot{e}(t) - (1-v) e^T(t-\tau(t)) Q_2 e(t-\tau(t))$$

$$-\frac{(1-v)}{\mu}(e(t) - e(t-\tau(t)))^T Z_2(e(t) - e(t-\tau(t))),$$

$$\dot{V}_4(t) = e^T(t) Q_3 e(t) - e^T(t-h) Q_3 e(t-h) + h \dot{e}^T(t) Z_3 \dot{e}(t) - \int_{-h}^{0} \dot{e}^T(t+\theta) Z_3 \dot{e}(t+\theta) d\theta$$

$$= e^T(t) Q_3 e(t) + h \dot{e}^T(t) Z_3 \dot{e}(t) - e^T(t-h) Q_3 e(t-h) - \int_{t-h}^{t} \dot{e}^T(s) Z_3 \dot{e}(s) ds$$

$$= e^T(t) Q_3 e(t) + h\dot{e}^T(t) Z_3 \dot{e}(t) - e^T(t-h) Q_3 e(t-h) - \int_{t-d(t)}^{t} \dot{e}^T(s) Z_3 \dot{e}(s) ds$$

$$- \int_{t-h}^{t-d(t)} \dot{e}^T(s) Z_3 \dot{e}(s) ds$$

$$\leqslant e^T(t) Q_3 e(t) + h\dot{e}^T(t) Z_3 \dot{e}(t) - e^T(t-h) Q_3 e(t-h) - \frac{1}{d(t)} \left(\int_{t-d(t)}^{t} \dot{e}^T(s) ds \right)^T Z_3$$

$$\left(\int_{t-d(t)}^{t} \dot{e}^T(s) ds \right) - \frac{1}{h-d(t)} \left(\int_{t-h}^{t-d(t)} \dot{e}^T(s) ds \right)^T Z_3 \left(\int_{t-h}^{t-d(t)} \dot{e}^T(s) ds \right)$$

$$\leqslant e^T(t) Q_3 e(t) + h\dot{e}^T(t) Z_3 \dot{e}(t) - e^T(t-h) Q_3 e(t-h)$$

$$- \frac{1}{h} (e(t) - e(t-d(t)))^T Z_3 (e(t) - e(t-d(t)))$$

$$- \frac{1}{h} (e(t-d(t)) - e(t-h))^T Z_3 (e(t-d(t)) - e(t-h)).$$

We take $V(t) = \begin{cases} V_1(t) + V_2(t) + V_3(t) + V_4(t) & , t_k \leqslant t \leqslant t_k + \delta, \\ V_1(t) + V_2(t) + V_3(t) & t_k + \delta \leqslant t \leqslant t_{k+1}, \end{cases}$ then the following

conclusion from the time derivatives of $V(t)$ along the systems (8) together with (19)~(21) is true:

$$\dot{V}(t) \leqslant \begin{cases} \xi^T(t) \Xi \xi(t) - re^T(t) e(t) , t_k \leqslant t \leqslant t_k + \delta \\ \zeta^T(t) \Theta \zeta(t) + \eta e^T(t) e(t) , t_k + \delta \leqslant t \leqslant t_{k+1} \end{cases}$$

where,

$\xi(t) = (e^T(t), e^T(t-\tau(t)), e^T(t-\mu), f^T(e(t)), f^T(e(t-\tau(t))), \dot{e}^T(t), e^T(t-d(t)), e^T(t-h))^T,$

$\zeta(t) = (e^T(t), e^T(t-\tau(t)), e^T(t-\mu), f^T(e(t)), f^T(e(t-\tau(t))), \dot{e}^T(t))^T.$

According to (9), (10), we obtain:

$$\Psi(t) \leqslant \dot{V}(t) \leqslant \begin{cases} -re^T(t) e(t) , t_k \leqslant t \leqslant t_k + \delta \\ +\eta e^T(t) e(t) , t_k + \delta \leqslant t \leqslant t_{k+1} \end{cases}$$

$$\Psi(t) \leqslant \begin{cases} \Psi(t_k) \exp\{-r(t-t_k)\} , t_k \leqslant t \leqslant t_k + \delta \\ \Psi(t_k+\delta) \exp\{\eta(t-t_k-\delta)\} , t_k + \delta \leqslant t \leqslant t_{k+1} \end{cases}$$

where $\Psi(t) = e^T(t) e(t) = \| e(t) \|^2$, which implies system (8) is stable by Lemma

1 and the condition (11), that is, the system (1) and the system (5) are synchronous.

Corollary: Suppose that $t_k = h(k)T = pkT$, $p > 0$, and the rest of restricted conditions are invariable. Then the synchronization of system (1) and system (5) is achieved if the condition (11) is changed into:

$$(r+\eta)\frac{\delta}{pT} - \eta > 0 \tag{24}$$

Note: when $W_1 = 0$ in system (1), we take $V(t) = \begin{cases} V_1(t) + V_4(t), t_k \leq t \leq t_k + \delta, \\ V_1(t), t_k + \delta \leq t \leq t_{k+1} \end{cases}$

and the similar result with Theorem 1 is obtained.

The functional V_1, V_2, V_3, V_4 are the same as the above theorem 1, and their time derivatives along the systems (8), respectively, satisfy:

$$\dot{V}_1(t) = \begin{cases} e^T(t)(-PA - A^TP)e(t) + 2e^T(t)PW_0 f(e(t)) + 2e^T(t)PW_1 f(e(t-\tau(t))) \\ \quad + 2e^T(t)Pke(t-d(t)), t_k \leq t < t_k + \delta \\ e^T(t)(-PA - A^TP)e(t) + 2e^T(t)PW_0 f(e(t)) + 2e^T(t)PW_1 f(e(t-\tau(t))), \\ \quad t_k + \delta \leq t < t \end{cases}$$

$$\dot{V}_2(t) \leq e^T(t)Q_1 e(t) + \mu \dot{e}^T(t)Z_1 \dot{e}(t) - e^T(t-\mu)Q_1 e(t-\mu)$$
$$\quad - \frac{1}{\mu}(e(t) - e(t-\tau(t)))^T Z_1(e(t) - e(t-\tau(t)))$$
$$\quad - \frac{1}{\mu}(e(t-\tau(t)) - e(t-\mu))^T Z_1(e(t-\tau(t)) - e(t-\mu))$$
$$\quad \leq e^T(t)Q_1 e(t) + \mu \dot{e}^T(t)Z_1 \dot{e}(t)$$

$$\dot{V}_3(t) \leq e^T(t)Q_2 e(t) + \mu \dot{e}^T(t)Z_2 \dot{e}(t) - (1-v)e^T(t-\tau(t))Q_2 e(t-\tau(t))$$
$$\quad - \frac{(1-v)}{\mu}(e(t) - e(t-\tau(t)))^T Z_2(e(t) - e(t-\tau(t)))$$
$$\quad \leq e^T(t)Q_2 e(t) + \mu \dot{e}^T(t)Z_2 \dot{e}(t)$$

$$\dot{V}_4(t) \leq e^T(t)Q_3 e(t) + h\dot{e}^T(t)Z_3 \dot{e}(t) - e^T(t-h)Q_3 e(t-h)$$
$$\quad - \frac{1}{h}(e(t) - e(t-d(t)))^T Z_3(e(t) - e(t-d(t)))$$

$$-\frac{1}{h}(e(t-d(t))-e(t-h))^T Z_3(e(t-d(t))-e(t-h))$$

$$\leq e^T(t)Q_3 e(t)+h\dot{e}^T(t)Z_3\dot{e}(t)$$

From the error system (8), for any appropriately dimensioned matrices G_1, G_2, H and scalars p_1, p_2, m, the following equations hold:

$$0 = 2(e^T(t)G_1+p_1\dot{e}^T(t)G_1+m\dot{e}^T(t-d(t))H)(-\dot{e}(t)-Ae(t)+W_0 f(e(t))$$

$$+W_1 f(e(t-\tau(t)))+ke(t-d(t))), t_k\leq t<t+\delta, \tag{25}$$

$$0=2(e^T(t)G_2+p_2\dot{e}^T(t)G_2)(-\dot{e}(t)-Ae(t)+W_0 f(e(t))+W_1 f(e(t-\tau(t)))),$$

$$t_k+\delta\leq t\leq t_{k+1}. \tag{26}$$

On the other hand, for any appropriately dimensioned diagonal matrices $\Lambda_1>0, \Lambda_2>0$, the following inequality holds:

$$0\leq \varphi^T(t)\begin{pmatrix} -F_1\Lambda_1 & F_2\Lambda_1 \\ * & -\Lambda_1 \end{pmatrix}\varphi(t) \tag{27}$$

$$0\leq \varphi^T(t-\tau(t))\begin{pmatrix} -F_1\Lambda_2 & F_2\Lambda_2 \\ * & -\Lambda_2 \end{pmatrix}\varphi(t-\tau(t)) \tag{28}$$

We take $V(t) = \begin{cases} V_1(t)+V_2(t)+V_3(t)+V_4(t) & , t_k\leq t\leq t_k+\delta, \\ V_1(t)+V_2(t)+V_3(t) & , t_k+\delta\leq t\leq t_{k+1}, \end{cases}$ then the following

conclusion from the time derivatives of $V(t)$ along the systems (8) together with $(24)\sim(27)$ is true:

$$\dot{V}(t)\leq\begin{cases} \xi^T(t)\Pi\xi(t)-re^T(t)e(t), t_k\leq t\leq t_k+\delta \\ \zeta^T(t)M\zeta(t)+\eta e^T(t)e(t), t_k+\delta\leq t\leq t_{k+1} \end{cases} \tag{29}$$

where $\xi(t)= (e^T(t),e^T(t-\tau(t)),f^T(e(t)),f^T(e(t-\tau(t))),\dot{e}^T(t),e^T(t-d(t)))^T$, $\zeta(t)= (e^T(t),e^T(t-\tau(t)),f^T(e(t)),f^T(e(t-\tau(t))),\dot{e}^T(t))^T$.

Imitating the proof of Theorem 1, we get the following result:

Theorem 2: Given scalars $p_1, p_2, m, r>0, \eta>0$, the switching width δ, the control period $T, 0<\delta<t_{k+1}-t_k$, if there exist matrices $P>0, Q_i>0, Z_i>0, i=1,2,3, G_1$, G_2, K, H, and diagonal matrices $\Lambda_1>0, \Lambda_2>0$ such that:

$$\Pi = \begin{pmatrix} p_{11}+rI & p_{12} & p_{13} & p_{14} & p_{15} & p_{16} \\ * & p_{22} & p_{23} & p_{24} & p_{25} & p_{26} \\ * & * & p_{33} & p_{34} & p_{35} & p_{36} \\ * & * & * & p_{44} & p_{45} & p_{46} \\ * & * & * & * & p_{55} & p_{56} \\ * & * & * & * & * & p_{66} \end{pmatrix} \leqslant 0 \tag{30}$$

$$M = \begin{pmatrix} m_{11}-\eta I & m_{12} & m_{13} & m_{14} & m_{15} \\ * & m_{22} & m_{23} & m_{24} & m_{25} \\ * & * & m_{33} & m_{34} & m_{35} \\ * & * & * & m_{44} & m_{45} \\ * & * & * & * & m_{55} \end{pmatrix} \leqslant 0 \tag{31}$$

$$\inf\left[(r+\eta)\delta\,\frac{h^{-1}\left(\frac{t-\delta}{T}\right)}{t}-\eta \right] > 0 \tag{32}$$

where $p_{11} = -PA-A^TP+Q_1+Q_2+Q_3-F_1\Lambda_1-G_1A-A^TG_1^T$, $p_{12}=0$,

$p_{13}=PW_0+F_2\Lambda_1+G_1W_0$, $p_{14}=PW_1+G_1W_1$,

$p_{15}=-G_1-P_1A^TG_1^T$, $p_{16}=PK+G_1K-mA^TH^T$, $p_{22}=-F_1\Lambda_2$, $p_{23}=0$,

$p_{24}=F_2\Lambda_2$, $p_{25}=p_{26}=0$, $p_{33}=-\Lambda_1$, $p_{34}=0$, $p_{35}=P_1W_0^TG_1^T$, $p_{36}=mW_0^TH^T$, $p_{44}=-\Lambda_2$,

$p_{45}=p_1W_1^TG_1^T$, $p_{46}=mW_1^TH^T$, $p_{55}=\mu Z_1+\mu Z_2+hZ_3-p_1G_1-p_1G_1^T$, $p_{56}=p_1G_1K-mH^T$,

$p_{66}=mHK+mK^TH^T$, $m_{11}=-PA-A^TP+Q_1+Q_2-F_1\Lambda_1-G_2A-A^TG_2^T$, $m_{12}=0$,

$m_{13}=PW_0+F_2\Lambda_1+G_2W_0$, $m_{14}=PW_1+G_2W_1$, $m_{15}=-G_2-p_2A^TG_2^T$, $m_{22}=-F_1\Lambda_2$, $m_{23}=0$,

$m_{24}=F_2\Lambda_2$, $m_{25}=0$, $m_{33}=-\Lambda_1$, $m_{34}=0$, $m_{35}=p_2W_0^TG_2^T$, $m_{44}=-\Lambda_2$, $m_{45}=p_2W_1^TG_2^T$,

$m_{55}=\mu Z_1+\mu Z_2-p_2G_2-p_2G_2^T$, then the synchronization of system (1) and (5) is achieved.

3. Examples and Simulations

In this section, two simulation examples are given to illustrate the effectiveness of the proposed results. In the following examples, we choose the initial condition $(x_1,x_2,y_1,y_2)^T=(3,4\cos t,17,12.8-\sin t)^T$, the switching width $\delta=4$, the control period $T=5$, time-varying delay $\tau(t)=e^t/(e^t+1)$. The designed controller gain matrix in (8) is $K=-10I$, and the strictly monotone increasing function $h(k)$ on k is $2k$ and $0.5\ln(k+1)$, respectively, in Example 1 and Example 2.

Example 1: Consider the master system (1) and slave system (5) with the parameters:

$$A = \begin{pmatrix} 1 & 0 \\ 0 & 1 \end{pmatrix}, \quad W_0 = \begin{pmatrix} 1+\pi/4 & 20 \\ 0.1 & 1+\pi/4 \end{pmatrix}, \quad W_1 = \begin{pmatrix} -1.3\sqrt{2}\,\pi/4 & 0.1 \\ 0.1 & -1.3\sqrt{2}\,\pi/4 \end{pmatrix}$$

and the activation functions are $g_1(\alpha) = g_2(\alpha) = (|\alpha+1| - |\alpha-1|)/2$. It can be verified that $F_1^- = F_2^- = 0$ and $F_1^+ = F_2^+ = 1$. So $F_1 = \begin{pmatrix} 0 & 0 \\ 0 & 0 \end{pmatrix}$, $F_2 = \begin{pmatrix} 0.5 & 0 \\ 0 & 0.5 \end{pmatrix}$. It is obviously from Fig. 1 that the synchronization of system (1) and system (5) is realized.

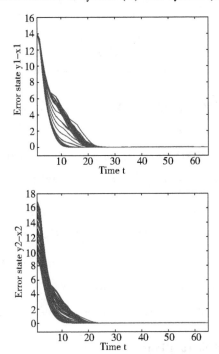

Fig. 1 State responses of error system (8) when the conditions are described as Example 1 and $h(k) = 2k$

Example 2: Consider the master system (1) and slave system (4) with the parameters

$$A = \begin{pmatrix} 1 & 0 \\ 0 & 0.5 \end{pmatrix}, \quad W_0 = \begin{pmatrix} 1.8 & -0.15 \\ -5.2 & 1.5 \end{pmatrix}, \quad W_1 = \begin{pmatrix} -1.7 & -0.12 \\ -0.26 & -2.5 \end{pmatrix}$$

and the activation functions are $g_1(\alpha) = g_2(\alpha) = \tanh(\alpha)$. It can be verified that

$F_1^- = F_2^- = 0$ and $F_1^+ = F_2^+ = 1.$ So $F_1 = \begin{pmatrix} 0 & 0 \\ 0 & 0 \end{pmatrix}$, $F_2 = \begin{pmatrix} 0.5 & 0 \\ 0 & 0.5 \end{pmatrix}$. It is obviously

from Fig. 2 that the synchronization of system (1) and system (5) is realized.

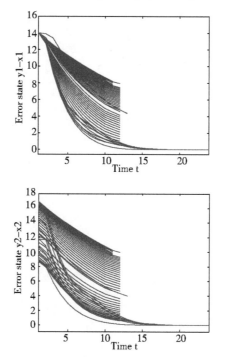

Fig. 2 State responses of error system (8) when the conditions are described as

Example 2 and $h(k) = 0.5\ln(k+1)$

4. Conclusion

In this paper, the intermittent synchronization problem of neural networks with time-varying delays has been discussed via sampled-data control. The discontinuous Lyapunov functional are constructed by the piecewise sawtooth structure of the sampling in time and intermittent control theory. Numerical simulations of two neural networks examples have proposed that the results are more effective than the existing results in literature.

第三篇

脉冲控制

广义 Dahlquist 常量在脉冲同步中的应用

Generalized Dahlquist Constant with Application in Impulsive Synchronization Analysis

1. Formatting Instructions

Let X be a Banach space endowed with the norm $\|\cdot\|$ and Ω be a open subset of X. We consider the following system:

$$\frac{dx(t)}{dt} = F(x(t)) \tag{1}$$

$$\frac{dy(t)}{dt} = G(y(t)) \tag{2}$$

where F, G are nonlinear operators defined on Ω, and $x(t) \in \Omega, y(t) \in \Omega$.

Definition 1: System (1) is called to be exponentially stable on a neighborhood Ω of the equilibrium point, if there exist $\mu > 0$ and $M > 0$, such that

$$\|x(t)\| \leqslant Me^{-\mu t}\|x_0\| \qquad (t \geqslant 0) \tag{3}$$

where $x(t)$ is any solution of (1) initiated from $x(t_0) = x_0$.

Definition 2: Suppose $\Omega_1 \times \Omega_2$ is open subsets of Banach space X, $F: \Omega_1 \times \Omega_2 \to \Omega_1$ is an operator. The constant:

$$\tilde{\alpha}(F) = \sup_{x,y \in \Omega_1 \times \Omega_2, x \neq y} \sup_{u_k, v_k \in \Omega_1, u_k \neq v_k} \frac{1}{\|u_k - v_k\|} \lim_{r \to +\infty} (\|F(x) - F(y) + r(u_k - v_k)\| - r\|u_k - v_k\|)$$

is called to be the generalized Dahlquist constant of F on $\Omega_1 \times \Omega_2$, where

$x(t) = (x_1(t), x_2(t), \cdots, x_n(t))^T \in \Omega_1 \times \Omega_2, u_k(t) = (x_1(t), x_2(t), \cdots, x_k(t))^T \in \Omega_1, y = (y_1(t), y_2(t), \cdots, y_n(t))^T \in \Omega_1 \times \Omega_2, v_k = (y_1(t), y_2(t), \cdots, y_k(t))^T \in \Omega_1, 1 \leqslant k \leqslant n$.

Annotation 1: When the operator $F: \Omega \to X$, the constant $\tilde{\alpha}(F)$ is defined as $\alpha(F)$.

Definition 3: Suppose Ω is a open subset of Banach space X, $F, G: \Omega \to X$ are operators. The constant:

$$\alpha(F,G) = \sup_{x,y \in \Omega, x \neq y} \frac{1}{\|x-y\|} \lim_{r \to +\infty} g(r) \tag{4}$$

is called to be the generalized Dahlquist constant of F and G on Ω, where $g(r) = \|(F+rI)x-(G+rI)y\|-r\|x-y\|$, here denoted by the operator $F+rI$ mapping every point $x \in \Omega$ onto $F(x)+rx$.

Annotation 2: When the operator $G=F:\Omega \to X$, the constant $\alpha(F,G)$ is defined as $\alpha(F)$.

It can be easily proved that the functions defined as:

$$f(r) = \|F(x)-F(y)+r(u_k-v_k)\|-r\|u_k-v_k\|, g(r) \text{ are monotone decreasing,}$$

thus the limit $\lim\limits_{r \to +\infty} f(r)$, $\lim\limits_{r \to +\infty} g(r)$ exist.

Lemma 1: Let the operator F in the system:

$$\frac{du_k(t)}{dt} = F(x(t)) \qquad t \geq t_0 \tag{5}$$

defined on $\Omega_1 \times \Omega_2$, where u_k is a part of x, then any two solutions $u_k(t)$ and $v_k(t)$, respectively, initiated from $u_k(t_0) = u_0 \in \Omega_1$ and $v_k(t_0) = v_0 \in \Omega_1$ satisfy:

$$\|u_k(t)-v_k(t)\| \leq e^{\bar{\alpha}(F)(t-t_0)} \|u_0-v_0\| \tag{6}$$

for any $t \geq t_0$.

Proof: For all $t \geq 0$ and $r > 0$, $(e^{rt}u_k(t))'_t = re^{rt}u_k(t)+e^{rt}F(x(t)) = e^{rt}(ru_k(t)+F(x(t)))$ $\forall u_0, v_0 \in \Omega_1, r > 0, t > s \geq 0$,

$$e^{rt}(u_k(t)-v_k(t)) = e^{rs}(u_k(s)-v_k(s)) + \int_s^t e^{rw}(F(x(w))-F(y(w))+r(u_k(w)$$
$$-v_k(w)))dw.$$

$$e^{rt}\|u_k(t)-v_k(t)\| - e^{rs}\|u_k(s)-v_k(s)\| \leq \int_s^t e^{rw}\|F(x(w))-F(y(w))$$
$$+r(u_k(w)-v_k(w))\|dw.$$

Then for almost all $t \geq 0$, we can infer that:

$$(e^{rt}\|u_k(t)-v_k(t)\|)'_t \leq e^{rt}\|F(x(t))-F(y(t))+r(u_k(t)-v_k(t))\|$$

Therefore, we have:

$$(\|u_k(t)-v_k(t)\|)'_t \leq \|F(x(t))-F(y(t))+r(u_k(t)-v_k(t))\|-r\|u_k(t)-v_k(t)\|$$

Let $r \to +\infty$, then $(\| u_k(t) - v_k(t) \|)'_t \leqslant \tilde{\alpha}(F) \| u_k(t) - v_k(t) \|$.

Integrating the above inequality over $[t_0, t]$, we obtain:

$$\| u_k(t) - v_k(t) \| \leqslant e^{\tilde{\alpha}(F)(t-t_0)} \| u_0 - v_0 \|.$$

Lemma 2: Suppose the error system:

$$\begin{cases} \dfrac{de_r}{dt} = f(t, e_r, e_{n-r}) \\ \dfrac{de_{n-r}}{dt} = g(t, e_r) + A(t) e_{n-r} \end{cases} \tag{7}$$

where $1 \leqslant r \leqslant n, e_r \in R^r, e_{n-r} \in R^{n-r}, e_n = (e_r^T, e_{n-r}^T)^T \in R^n, f \in C[I \times R^r \times R^{n-r}; R^r], g \in C[I \times R^r; R^{n-r}]$, and $f(t,0,0) = 0, g(t,0) = 0, A(t) \in R^{(n-r) \times (n-r)}$. Let $K(t, t_0)$ be normal fundamental matrix of solutions of the system:

$$\dfrac{de_{n-r}}{dt} = A(t) e_{n-r} \tag{8}$$

If the zero solution $e_n = 0$ of the system (4) concerning partial variables e_r is globally exponentially stable, and $\| K(t, t_0) \| \leqslant k_1 e^{-\lambda(t-t_0)}$, $\| g(t, e_r) \| \leqslant k_2 \| e_r \|^{\beta}$, where k_1, k_2, λ, β are positive real numbers, then the zero solution of the system (7) concerning partial variables e_{n-r} is globally exponentially stable, thereby the zero solution of the system (7) is globally exponentially stable.

Proof: Let $e_n^0 = e_n(t_0), e_{n-r}^0 = e_{n-r}(t_0), e_r^0 = e_r(t_0)$. The solution e_{n-r} of the system (8) satisfies:

$$\| e_{n-r} \| \leqslant \| k(t, t_0) \| \| e_{n-r}^0 \| \leqslant k_1 \| e_{n-r}^0 \| e^{-\lambda(t-t_0)} \tag{9}$$

Because the zero solution $e_n = 0$ of the system (7) with respect to partial variables e_r is globally exponentially stable, we obtain that there exist constants $c > 0, \alpha > 0$, such that:

$$\| e_r \| \leqslant c \| e_r^0 \| e^{-\alpha(t-t_0)}, t \geqslant t_0 \tag{10}$$

We utilize Lagrange method of variation of constant to the second equation of the system (7) and have:

$$e_{n-r} = K(t, t_0) e_{n-r}^0 + \int_{t_0}^t K(t, \tau) g(\tau, e_r) d\tau$$

$$\|e_{n-r}\| \leqslant \|K(t,t_0)\| \|e_{n-r}^0\| + \int_{t_0}^t \|K(t,\tau)\| \|g(\tau,e_r)\| d\tau \leqslant k_1 \|e_n^0\| e^{-\lambda(t-t_0)}$$

$$+ \int_{t_0}^t k_1 e^{-\lambda(t-\tau)} k_2 \|e_r\|^\beta d\tau \qquad (11)$$

We imitate the proof of Theorem 1 and deduce that the variables e_{n-r} is globally exponentially stable. So the solution e_n of the system (7) is globally exponentially stable.

Lemma 3: Let $x(t)$, $y(t)$ be solutions of the system (1) and (2), respectively, then the two solutions $x(t)$ and $y(t)$ initiated from $x(t_0) = x_0 \in \Omega$, $y(t_0) = y_0 \in \Omega$ satisfy

$$\|x-y\| \leqslant e^{\alpha(F,G)(t-t_0)} \|x_0-y_0\| \qquad (12)$$

for any $t \geqslant t_0$.

The proof of Lemma 3 is similar to the proof of Lemma 2.

2. Impulsive Synchronization Analysis of Two Idential Chaotic LÜ Systems and Simulations Consider Lü system:

$$\begin{cases} \dot{x}_1 = a(x_2 - x_1) \\ \dot{x}_2 = -x_1 x_3 + c x_2 \\ \dot{x}_3 = x_1 x_2 - b x_3 \end{cases} \qquad (13)$$

when $a = 36$, $b = 3$, $c = 20$, the system (13) posses a chaotic behavior.

Let the system (13) be the drive system, and the response system is

$$\begin{cases} \dot{y}_1 = a(y_2 - y_1) \\ \dot{y}_2 = -y_1 y_3 + c y_2 (t \neq t_k, k = 1,2,3,\cdots) \\ \Delta y_2 = B_{k2}(y_2 - x_2) \qquad (t = t_k) \\ \dot{y}_3 = y_1 y_2 - b y_3 \end{cases} \qquad (14)$$

Subtract the system (13) from the system (14), and the error system is obtained:

$$\begin{cases} \dot{e}_1 = a(e_2 - e_1) \\ \dot{e}_2 = -y_1 e_3 - x_3 e_1 + c e_2 (t \neq t_k, k = 1,2,3,\cdots) \\ \Delta e_2 = B_{k2} e_2, \qquad (t = t_k) \\ \dot{e}_3 = y_1 e_2 + x_2 e_1 - b e_3 \end{cases} \qquad (15)$$

where $(e_1, e_2, e_3)^T = y - x = (y_1 - x_1, y_2 - x_2, y_3 - x_3)^T$.

Theorem 1: The impulsive synchronization of the system (13) and (14), given in the system (15), is asymptotically stable if there exist $0<\theta_k=t_k-t_{k-1}<\infty$ ($k=1,2,3,\cdots$), $\beta_k=(1+B_{k2})$ and a constant $\alpha>1$, such that:

$$\ln(\alpha\beta_k)+\tilde{\alpha}(F)\theta_k\leqslant0, \quad (k=1,2,3,\cdots) \tag{16}$$

where $F(x)=-x_1x_3+cx_2$.

Proof: From Lemma 1, we can take the conclusion for the second equation of the system (15):

$$\|e_2(t)\|\leqslant e^{\tilde{a}(F)(t-t_{k-1})}\|e_2(t_{k-1}^+)\| \tag{17}$$

for any $t\in(t_{k-1},t_k]$.

Considering the inequalities (16), (17), we have:

$$\|e_2(t)\|\leqslant\beta_1\beta_2\cdots\beta_k e^{\tilde{a}(F)(t-t_0)}\|e_2(t_0^+)\|\leqslant\frac{1}{\alpha^k}e^{\tilde{a}(F)(t-t_k)}\|e_2(t_0^+)\|,t\in(t_k,t_{k+1}] \tag{18}$$

when $t\rightarrow\infty$, $\|e_2(t)\|\rightarrow0$, so this makes the synchronization between the state x_2 and y_2. Employing constant variation formula, we have the conclusion that the variables e_1 and e_3 are also exponentially stable one after another from Lemma 2. In summary, the system (13) synchronizes with the system (14).

We choose $B_{k2}=-(1-0.8),\theta_k=0.005$. Let the initial condition be $(x_1,x_2,x_3)^T=(2,-1,-2)^T$, $(y_1,y_2,y_3)^T=(8,7,6)^T$. We make use of the norm $\|x\|=\sqrt{x^Tx}$, where $x\in R^n$, and can calculate $\tilde{\alpha}(F)=20.0000$. It is easy to verify that there exists a constant $\alpha>1$ which satisfies the condition (16). The synchronization property of the systems (13) and (14) can clearly be seen in the following figures (See Fig. 1).

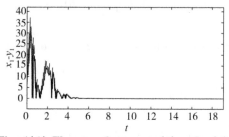

Fig. 1(1) The error between $x_1(t)$ and $y_1(t)$

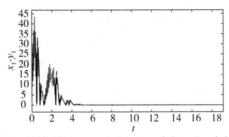

Fig . 1(2) The error between $x_2(t)$ and $y_2(t)$

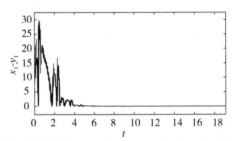

Fig. 1(3) The error between $x_3(t)$ and $y_3(t)$

3. Impulsive Synchronization Analysis between Chaotic Lorenz System and Chaotic LÜ Systems

Let Lorenz system:

$$\dot{x} = F(x) \tag{19}$$

where $x^T = (x_1, x_2, x_3)^T$, $F(x) = (-10(x_1-x_2), 28x_1-x_2-x_1x_3, x_1x_2-8/3x_3)^T$, be the drive system, and Lü system with impulsive item:

$$\begin{cases} \dot{y} = G(y) \ (t \neq t_k, k=1,2,3,\cdots) \\ \Delta y = B_k(y-x), (t=t_k) \end{cases} \tag{20}$$

where $y^T = (y_1, y_2, y_3)^T$, $G(y) = (-36(y_1-y_2), 20x_2-y_1y_3, y_1y_2-3x_3)^T$, be the response system.

Subtract the system (19) from the system (20) , and the error system is obtained:

$$\begin{cases} \dot{e} = G(y) - F(x) \ (t \neq t_k, k=1,2,3,\cdots) \\ \Delta e = B_k e, (t=t_k), \end{cases} \tag{21}$$

where $e = y-x$.

Theorem 2: The impulsive synchronization of the system (19) and (20) , given Eq. (21) , is asymptotically stable if there exist $0<\theta_k = t_k - t_{k-1} < \infty$ $(k=1,2,3,\cdots)$, the largest eigenvalue β_k^2 of $(1+B_k)^T(1+B_k)$ and a constant $\alpha>1$, such that:

$$\ln(\alpha\beta_k)+\alpha(F,G)\theta_k \leq 0, (k=1,2,3,\cdots) \tag{22}$$

Proof: From Lemma 3, we can take the following conclusion:

$$\|e(t)\| \leq e^{a(F,G)(t-t_{k-1})}\|e(t_{k-1}^+)\| \tag{23}$$

for any $t \in (t_{k-1}, t_k]$.

Considering the condition (22), we have:

$$\|e(t)\| \leq \beta_1\beta_2\cdots\beta_k e^{\alpha(F,G)(t-t_0)}\|e(t_0^+)\|$$

$$\leq \frac{1}{\alpha^k}e^{a(F,G)(t-t_k)}\|e(t_0^+)\|, t \in (t_k, t_{k+1}] \tag{24}$$

when $t \to \infty$, $\|e(t)\| \to 0$. So the synchronization between the system (19) and (20) is obtained.

Choosing $B_k = diag(-(1-0.8), -(1-0.8), -(1-0.8)), \theta_k = 0.00005$ and the initial condition $(x_1, x_2, x_3)^T = (2, 1, 2.4)^T, (y_1, y_2, y_3)^T = (8, 7, 6)^T$. We make use of the norm $\|x\| = \sqrt{x^T x}$, where $x \in R^n$, and can calculate $\alpha(F,G) = 4.7432$. It is easy to verify that there exists a constant $\alpha>1$ which satisfies the condition (22). The synchronization property of the systems (13) and (14) can clearly be seen in Fig. 2.

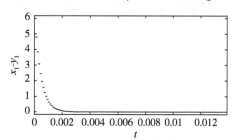

Fig . 2(1) The error between $x_1(t)$ and $y_1(t)$

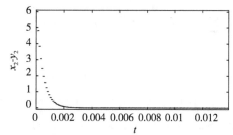

Fig. 2(2) The error between $x_2(t)$ and $y_2(t)$

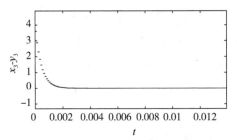

Fig . 2(3) The error between $x_3(t)$ and $y_3(t)$

CONCLUSION

Approach to impulsive synchronization of two identical and different chaotic systems which utilizes the stability with respect to partial variables and the generalized Dahlquist constant has been presented in this paper. Strong properties of global and asymptotic impulsive synchronization have been achieved in a finite number of steps.

典型 Hopfield 神经网络脉冲同步

Impulsive Synchronization of Typical Hopfield Neural Networks

1. Preliminaries

First, we consider a class of recurrently delayed neural networks, which is described by the following set of differential equations with delays:

$$\dot{x}_i(t) = -c_i x_i(t) + \sum_{j=1}^{n} a_{ij} f_j(x_j(t)) + \sum_{j=1}^{n} b_{ij} f_j(x_j(t - \tau_{ij})) + u_i, \ i = 1,2,\cdots,n \quad (1)$$

or, in a compact form:

$$\dot{x}(t) = -Cx(t) + Af(x(t)) + Bf(x(t-\tau)) + U \quad (2)$$

where $x(t) = (x_1(t), x_2(t), \cdots, x_n(t))^T \in \mathbb{R}^n$ is the state vector of the neural networks, $C = diag(c_1, c_2, \cdots, c_n)$ is a diagonal matrix with $c_i > 0$ $(i = 1,2,\cdots,n)$, $A = (a_{ij})_{n\times n}$ is a weight matrix, $B = (b_{ij})_{n\times n}$ is the delay weight matrix, $U = diag(u_1, u_2, \cdots, u_n)^T \in \mathbb{R}^n$ is the input vector function, $\tau(r) = (\tau_{ij})$ with the delays $\tau_{ij} > 0 (i,j = 1,2,\cdots,n)$, and $f(x(t)) = (f_1(x_1(t)), f_2(x_2(t)), \cdots, f_n(x_n(t)))^{\mathrm{T}}$. The initial conditions of (1) are given by $x_i(t) = \phi_i(t) \in C([-\rho, 0], \mathrm{R})$ with $\rho = \max_1 \leqslant i, j \leqslant n\tau_{ij}$, $C([-\rho,0], \mathrm{R})$ denotes the set of all continuous functions from $[-\rho,0]$ to R.

Clearly, (1) or (2) is a generalization of some well-known recurrently delayed neural networks such as delayed Hopfield neural networks and delayed cellular neural networks (CNNs).

Next, we assume the operator $f(x(t))$ is differential on x in (2).

Now we consider the system (2) as the master system and denote an variables $y(t) = [y_1(t), y_2(t), \cdots, y_n(t)]^{\mathrm{T}} \in \mathrm{R}^n$ the slave system is given by the following equation:

$$\begin{cases} \dot{y}(t) = -Cy(t) + Af(y(t)) \\ \quad + Bf(y(t-\tau)) + U \\ t \neq t_k, \ k = 1,2,3,\cdots \\ \Delta y(t) = B_k(y(t) - x(t)), \ t = t_k \\ y(t_0^+) = y_0 \end{cases} \tag{3}$$

Therefore, the goal of control is to design an appropriate controller, such that the controlled slave system (3) could be synchronous with the master system (2), namely:

$$\lim_{t \to +\infty} \| y(t) - x(t) \| = 0 \tag{4}$$

Subtract Eq. (2) from Eq. (3), the error system is obtained:

$$\begin{cases} \dot{e}(t) = -Ce(t) + A(f(y(t)) - f(x(t))) \\ \quad + B(f(y(t-\tau)) - f(x(t-\tau))) \\ t \neq t_k, \ k = 1,2,3,\cdots \\ \Delta e(t) = B_k e(t), \ t = t_k \\ e(t_0^+) = e_0 \end{cases} \tag{5}$$

Using the operator differential mid-value theorem, we have:

$$
\begin{cases}
\dot{e}(t) = -Ce(t) \\
\qquad + A \displaystyle\int_0^1 \frac{\partial f(\beta y(t) + (1-\beta)x(t))}{\partial x(t)} \mathrm{d}\beta \cdot e(t) \\
\qquad + B \displaystyle\int_0^1 \frac{\partial f(\beta y(t-\tau) + (1-\beta)x(t-\tau))}{\partial x(t-\tau)} \mathrm{d}\beta \cdot e(t-\tau), \\
\qquad t \neq t_k, \ k = 1, 2, 3, \cdots \\
\Delta e(t) = B_k e(t), \ t = t_k \\
e(t_0^+) = e_0
\end{cases}
\tag{6}
$$

where $e(t) = y(t) - x(t)$, $\displaystyle\int_0^1 \frac{\partial f(\beta y(t) + (1-\beta)x(t))}{\partial x(t)}$ is the value

which $\displaystyle\int_0^1 \frac{\partial f(x(t))}{\partial x(t)}$ is on $\beta y(t) + (1-\beta)x(t)$.

Note $K_1(t,\beta) = \dfrac{\partial f(\beta y(t) + (1-\beta)x(t))}{\partial x(t)}$, $K_2(t,\beta) = \dfrac{\partial f(\beta y(t-\tau) + (1-\beta)x(t-\tau))}{\partial x(t-\tau)}$,

then the error system (4) is rewritten:

$$
\begin{cases}
\dot{e}(t) = \displaystyle\int_0^1 (-C + AK_1(t,\beta)) \mathrm{d}\beta \cdot e(t) \\
\qquad + \displaystyle\int_0^1 BK_2(t,\beta) \mathrm{d}\beta \cdot e(t-\tau), \\
\qquad t \neq t_k, \ k = 1, 2, 3, \cdots \\
\Delta e(t) = B_k e(t), \ t = t_k \\
e(t_0^+) = e_0
\end{cases}
\tag{7}
$$

Differentiating $\| e(t) \|^2$ with respect to time along the solution of (7), we have the following result:

$$
\begin{aligned}
\frac{\mathrm{d} \| e(t) \|^2}{\mathrm{d}t} &= e^{\mathrm{T}}(t) \int_0^1 (-C + AK_1(t,\beta)) \mathrm{d}\beta \cdot e(t) \\
&\quad + e^{\mathrm{T}}(t) \int_0^1 BK_2(t,\beta) \mathrm{d}\beta \cdot e(t-\tau) \\
&\quad + e^{\mathrm{T}}(t) \int_0^1 (-C + AK_1(t,\beta))^{\mathrm{T}} \mathrm{d}\beta \cdot e(t) \\
&\quad + e^{\mathrm{T}}(t-\tau) \int_0^1 (BK_2(t,\beta))^{\mathrm{T}} \mathrm{d}\beta \cdot e(t)
\end{aligned}
$$

$$= \int_0^1 (e^{\mathrm{T}}(t)e^{\mathrm{T}}(t-\tau)) P(t,\beta) \begin{pmatrix} e(t) \\ e(t-\tau) \end{pmatrix} \mathrm{d}\beta$$

where:

$$P(t,\beta) = \begin{bmatrix} Q(t,\beta) & BK_2(t,\beta) \\ K_2^{\mathrm{T}}(t,\beta)B^{\mathrm{T}} & 0 \end{bmatrix}$$

$$Q(t,\beta) = -C + AK_1(t,\beta) - C^{\mathrm{T}} + (AK_1(t,\beta))^{\mathrm{T}}$$

Let $\lambda(t,\beta)$ be the largest eigenvalue of $P(t,\beta)$, and there is a positive constant α such that $\lambda(t,\beta) \leqslant \alpha$ for any $t \geqslant t_0$, then the conclusion is:

$$\frac{\mathrm{d}\|e(t)\|^2}{\mathrm{d}t} \leqslant \int_0^1 \begin{bmatrix} e(t) \\ e(t-\tau) \end{bmatrix}^{\mathrm{T}} \alpha \begin{bmatrix} e(t) \\ e(t-\tau) \end{bmatrix} \mathrm{d}\beta$$

$$= \alpha\|e(t)\|^2 + \alpha\|e(t-\tau)\|^2$$

For any $t \in (t_{k-1}, t_k]$,

$$\|e(t)\|^2 \leqslant \|e(t_{k-1}^+)\|^2 \exp\{\alpha(t-t_{k-1})\}$$

$$+ \int_{t_{k-1}}^t \exp\{\alpha(t-s)\} \alpha\|e(s-\tau)\|^2 \mathrm{d}s$$

Then:

$$\exp\{-\alpha(t-t_{k-1})\}\|e(t)\|^2 \leqslant \|e(t_{k-1}^+)\|^2 + \int_{t_{k-1}}^t \exp\{-\alpha(s-t_{k-1})\} \alpha\|e(s-\tau)\|^2$$

$$\mathrm{d}s = \|e(t_{k-1}^+)\|^2 + \int_{t_{k-1}-\tau}^{t-\tau} \exp\{-\alpha(s+\tau-t_{k-1})\} \alpha\|e(s)\|^2 \mathrm{d}s$$

By using the Gronwall Inequality, we obtain:

$$\exp\{-\alpha(t-t_{k-1})\}\|e(t)\|^2 \leqslant \|e(t_{k-1}^+)\|^2 \exp\{\alpha \exp\{-\alpha\tau\}(t-t_{k-1})\}\|e(t)\|^2 \leqslant$$

$$\|e(t_{k-1}^+)\|^2 \exp\{\alpha(1+\exp\{-\alpha\tau\})(t-t_{k-1})\} t \in (t_{k-1}, t_k] \tag{8}$$

2. Impulsive Synchronization

Theorem: Suppose $0 < \omega_k = t_k - t_{k-1} < \infty$ $(k = 1, 2, \cdots)$, γ_k is the largest eigenvalue of $(I+B_k)^{\mathrm{T}}(I+B_k)$, the impulsive synchronization of Eq. (2) and Eq. (3) is achieved if there exists a constant $\theta > 1$ such that:

$$\ln(\theta\gamma_k) + \alpha(1+\exp\{-\alpha\tau\})\omega_k \leqslant 0, \ k = 1, 2, \cdots \tag{9}$$

Proof: We have known the conclusion (8). When $t = t_k$, we obtain:

$$\|e(t_k^+)\|^2 = e^{\mathrm{T}}(t_k)(I+B_k)^{\mathrm{T}}(I+B_k)e(t_k) \leqslant \gamma_k\|e(t_k)\|^2 \tag{10}$$

Considering the condition $(8) \sim (10)$, we have:

$$\| e(t) \|^2 \leq \gamma_1 \gamma_2 \cdots \gamma_k \| e(t_0^+) \|^2 \exp\{\mu(t-t_0)\}$$

$$\leq \frac{1}{\theta^k} \| e(t_0^+) \|^2 \exp\{\mu(t-t_k)\}, \quad t \in (t_k, t_{k+1}] \tag{11}$$

where $\mu = \alpha(1 + \exp\{-\alpha\tau\})$. When $t \to \infty$, $\| e(t) \|^2 \to 0$, say $\| e(t) \| \to 0$, and makes Eq. (2) synchronization with Eq. (3).

When $B = 0$ in systems (2) and (3), the drive system and the response system become as following, respectively:

$$\dot{x}(t) = -Cx(t) + Af(x(t)) + U \tag{12}$$

and

$$\begin{cases} \dot{y}(t) = -Cy(t) + Af(y(t)) + U, \\ \qquad t \neq t_k, \quad k = 1, 2, 3, \cdots \\ \Delta y(t) = B_k(y(t) - x(t)), \quad t = t_k \\ y(t_0^+) = y_0 \end{cases} \tag{13}$$

So the following Corollary is obtained.

Corollary: Suppose $0 < \omega_k = t_k - t_{k-1} < \infty \ k = 1, 2, \cdots, \gamma_k$ is the largest eigenvalue of $(I + B_k)^T(I + B_k)$, $\lambda(t,\beta)$ is the largest eigenvalue of $Q(t,\beta)$, and $\lambda(t,\beta) < \alpha$, where α is a positive constant, the impulsive synchronization of Eq. (12) and Eq. (13) is achieved if there exists a constant $\theta > 1$ such that:

$$\ln(\theta \gamma_k) + \alpha \omega_k \leq 0, \quad k = 1, 2, \cdots \tag{14}$$

Example 1: Consider a typical delayed Hopfield neural Networks with two neurons:

$$\dot{x}(t) = -Cx(t) + Af(x(t)) + Bf(x(t-\tau)) \tag{15}$$

Where

$$x(t) = [x_1(t), x_2(t)]^T$$

$$f(x(t)) = [\tanh(x_1(t)), \tanh(x_2(t))]^T, \quad \tau = (1)$$

$$\text{and } C = \begin{bmatrix} 1 & 0 \\ 0 & 1 \end{bmatrix}, \quad A = \begin{bmatrix} 2.0 & -0.1 \\ -5.0 & 3.0 \end{bmatrix}$$

$$\text{with } B = \begin{bmatrix} -1.5 & -0.1 \\ -0.2 & -2.5 \end{bmatrix}$$

It should be noted that the networks is actually a chaotic delayed Hopfield neural networks.

Eq. (15) is considered as the drive system, the response system is defined as follows:

$$\begin{cases} \dot{y}(t) = -Cy(t) + Af(y(t)) + Bf(y(t-\tau)), \\ t \neq t_k, \ k = 1,2,3,\cdots \\ \Delta y(t) = B_k(y(t) - x(t)), \ t = t_k \\ y(t_0^+) = y_0 \end{cases} \tag{16}$$

Choose $\alpha = 9$, $B_k = \mathrm{diag}(-(1-0.8), -(1-0.8))$, $\omega_k = t_k - t_{k-1} = 0.005$, and it is easy to verify that there exist a constant $\theta > 1$ satisfied condition (7). Let the initial condition be $(x_1 \ x_2 \ y_1 \ y_2)^T = (3 \ 4 \ 7 \ 12.5)^T$, then it can be clearly seen in Fig. 1 that the drive system (15) synchronizes with the response system (16).

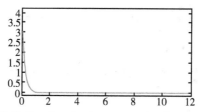

Fig. 1(1) Synchronization error of $x_1(t)$ and $y_1(t)$

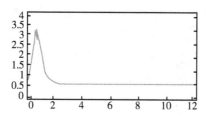

Fig. 1(2) Synchronization error of $x_2(t)$ and $y_2(t)$

Example 2: Consider an autonomous Hopfield neural networks with four neurons:

$$\dot{x}(t) = -Cx(t) + Af(x(t)) \tag{17}$$

where $x(t) = [x_1(t), x_2(t), x_3(t), x_4(t)]^T$

$$f(x(t)) = [\tanh(x_1(t)), \tanh(x_2(t)),$$
$$\tanh(x_3(t)), \tanh(x_4(t))]^T$$

And

$$C = \begin{pmatrix} 1 & 0 & 0 & 0 \\ 0 & 1 & 0 & 0 \\ 0 & 0 & 1 & 0 \\ 0 & 0 & 0 & 1 \end{pmatrix}$$

$$A = \begin{pmatrix} 0.85 & -2 & -0.5 & 0.5 \\ 1.8 & 1.15 & 0.6 & 0.3 \\ 1.1 & 1.21 & 2.5 & 0.05 \\ 0.1 & -0.4 & -1.5 & 1.45 \end{pmatrix}$$

Das II et al. have reported that the system (17) posses a chaotic behavior with the initial condition:

$$(x_1(0) x_2(0) x_3(0) x_4(0))^{\mathrm{T}} = (0.1 -0.1\ 0.1\ 0.2)^{\mathrm{T}}$$

Eq. (17) is considered as the drive system, the response system is defined as follows:

$$\begin{cases} \dot{y}(t) = -Cy(t) + Af(y(t)), \\ t \neq t_k,\ k = 1,2,3,\cdots \\ \Delta y(t) = B_k(y(t) - x(t)),\ t = t_k \\ y(t_0^+) = y_0 \end{cases} \tag{18}$$

Choose $\alpha = 5$, $B_k = \mathrm{diag}(-(1-0.8),\ -(1-0.8),\ -(1-0.8),\ -(1-0.8))$, $\omega_k = t_k - t_{k-1} = 0.005$, and it is easy to verify that there exists a constant $\theta > 1$ satisfied condition (14). Let the initial condition be $(x_1 x_2 x_3 x_4 y_1 y_2 y_3 y_4)^{\mathrm{T}} = (2\ -1\ -2\ 1765.49)^{\mathrm{T}}$, then it can be clearly seen in Fig. 2 that the drive system (17) synchronizes with the response system (18).

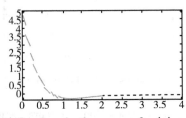

Fig. 2(1) Synchronization error of $x_1(t)$ and $y_1(t)$

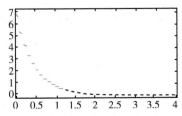

Fig. 2(2) Synchronization error of $x_2(t)$ and $y_2(t)$

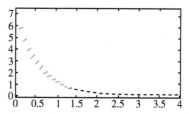

Fig. 2(3) Synchronization error of $x_3(t)$ and $y_3(t)$

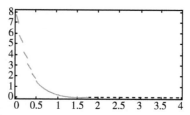

Fig. 2(4) Synchronization error of $x_4(t)$ and $y_4(t)$

3. Conclusion

Approaches for impulsive synchronization of two coupled Hopfield neural networks have been presented in this paper. Strong properties of global and asymptotic impulsive synchronization have been achieved in a finite number of steps. The techniques have been successfully applied to a typical delayed Hopfield neural networks and an autonomous Hopfield neural network. Numerical simulations have verified the effectiveness of the method.

第四篇

算子在非线性微分系统控制中的应用

广义 Dhalquist 常量分析时标系统稳定性

Generalized Dhalquist Constant with Application in Stable Analysis for Dynamic Systems on Time Scales

1.　Preliminaries

Let T be a time scale with $t_0 > 0$ as minimal element and no maximal element.

Definition 1 ：　The mappings $\sigma, \rho : T \to T$ defined as $\sigma(t) = \inf\{s \in T : s > t\}$, $\rho(t) = \sup\{s \in T : s < t\}$ are called jump operators.

Definition 2：A non-maximal element $t \in T$ is 　said to be right-scattered (rs) if $\sigma(t) > t$ and right-dense (rd) if $\sigma(t) = t$. A non-minimal element $t \in T$ is called left-scattered (ls) if $\rho(t) < t$ and left-dense (ld) if 　$\rho(t) = t$.

Definition 3：The graininess function $\mu : T \to [0, +\infty)$ is defined by $\mu(t) = \sigma(t) - t$.

Definition 4：The mapping $g : T \to X$, where X is a Banach space, is called rd continuous if

(1) it is continuous at each right-dense $t \in T$;

(2) at each left-dense point the left-side limit $g(t^-)$ exists.

Let $C_{rd}[T, X]$ denote the set of rd- continuous mappings from T to X.

Definition 5：Let f be a mapping $T \to X$. At $t \in T$, f has the derivative $f^\Delta \in X$ if for each $\varepsilon > 0$, there exists a neighborhood U of t such that for all $s \in U$,

$$|f(\sigma(t)) - f(s) - f^\Delta(t)(\sigma(t) - s)| \leqslant \varepsilon |\sigma(t) - s| \tag{1}$$

Definition 6：A function $p : T \to R$ is said to be regressive provided $1 + \mu(t)p(t) \neq 0$ for all $t \in T^\kappa$. The set of all regressive rd-continuous functions $f : T \to R$ is denoted by $\Re$.

Let $p \in \Re$ for all $t \in T$. The exponential function on T, defined by：

$$e_p(t,s) = \begin{cases} \exp(\int_s^t \dfrac{1}{\mu(z)}\log(1+\mu(z)p(z))\Delta z), & \mu(t) \neq 0 \\[3mm] \exp(\int_s^t p(z)\Delta z), & \mu(t) = 0 \end{cases} \tag{2}$$

Lemma 1: If both f and g differentiable at $t \in T^\kappa$, then the product fg is also differentiable at $t \in T^\kappa$ with:

$$(fg)^\Delta(t) = f^\Delta(t)g(t) + f(\sigma(t))g^\Delta(t) \tag{3}$$

Lemma 2: Let $p \in \mathfrak{R}$. Then

(i) $e_0(t,s) \equiv 1$ and $e_p(t,t) \equiv 1$;

(ii) $e_p(\sigma(t),s) = (1+\mu(t)p(t))e_p(t,s)$;

(iii) $(e_p(t,t_0))^\Delta = p(t)e_p(t,t_0)$;

(iv) $e_p(t,s)e_p(s,r) = e_p(t,r)$.

Consider the system:

$$\begin{cases} y^\Delta(t) = p(t)y + f(t) \\ y(t_0) = y_0 \end{cases} \tag{4}$$

Lemma 3: If f and p are rd-continuous, and p is regressive, then the solution of the system (1) is:

$$y(t) = y_0 e_p(t,t_0) + \int_{t_0}^t e_p(t,\sigma(\tau))f(\tau)\Delta\tau \tag{5}$$

Consider the system:

$$x^\Delta(t) = F(x(t)) \tag{6}$$

where $x \in R^n$, $F \in C_{rd}(R^n, R^n)$ with $F(0) = 0$.

We assume that the solutions of (6) exist and are unique for $t \geq t_0$.

Definition 7: The solution $x(t)$ of the system (6) is said to be exponential stable if there exist the constants $k > 0, \lambda > 0$, such that for all $t_0 \in T^\kappa$ and $x(t_0)$,

$$\|x(t)\| \leq \|x(t_0)\| k e_{-\lambda}(t,t_0) \tag{7}$$

Definition 8: Suppose $\mu(t)$ is bounded, Ω is an open subset of R^n, and F: $\Omega \rightarrow R^n$ is an operator. The constant:

$$\tilde{\alpha}(F) = \max_{\mu(t)} \sup_{x,y \in R^n, x \neq y} \frac{1}{\|x(t) - y(t)\|} \overline{\lim_{r \to \infty}} f(r) \tag{8}$$

is called the generalized Dahlquist constant of F on Ω, where

$$f(r) = \frac{1}{1 + \mu(t)r} (\|r(x(t) - y(t)) + (1 + \mu(t)r)(F(x(t)) - F(y(t)))\|$$

$$-r\|x(t) - y(t)\|) \tag{9}$$

It can be easily proved that the function $f(r)$, $r > 0$, is monotone decreasing, thus the limit $\lim_{r \to \infty} f(r)$ exists. When $T = R$, $\mu(t) = 0$, the constant $\tilde{\alpha}(F)$ is defined as $\alpha(F)$.

2. Stable Analysis

Theorem 1: Let the operator F be in the system (6), then any two solutions $x(t)$ and $y(t)$ initiated from $x(t_0) = x_0$, $y(t_0) = y_0$, respectively, satisfy:

$$\|x(t) - y(t)\| \leq e_{\tilde{\alpha}(F)}(t, t_0) \|x_0 - y_0\| \tag{10}$$

Proof: Using Lemma 1 and Lemma 2, the conclusion is obtained as following for all $r > 0$:

$$(e_r(t, t_0)x(t))^\Delta = e_r^\Delta(t, t_0)x(t) + e_r(\sigma(t), t_0)x^\Delta(t)$$

$$= re_r(t, t_0)x(t) + e_r(\sigma(t), t_0)F(x(t)) \tag{11}$$

According to Lemma 3, we have:

$$e_r(t, t_0)x(t) = e_r(s, t_0)x(s) + \int_s^t (re_r(\tau, t_0)x(\tau) + e_r(\sigma(\tau), t_0)F(x(\tau)))\Delta\tau$$

Then:

$$e_r(t, t_0)(x(t) - y(t)) = e_r(s, t_0)(x(s) - y(s))$$

$$+ \int_s^t re_r(\tau, t_0)(x(\tau) - y(\tau))$$

$$+ e_r(\sigma(\tau), t_0)(F(x(\tau)) - F(y(\tau)))\Delta\tau$$

$$e_r(t, t_0)\|(x(t) - y(t))\| - e_r(s, t_0)\|(x(s) - y(s))\|$$

$$\leq \int_s^t \|re_r(\tau, t_0)(x(\tau) - y(\tau)) + e_r(\sigma(\tau), t_0)(F(x(\tau)) - F(y(\tau)))\|$$

$$\Delta\tau, (e_r(t, t_0)\|x(t) - y(t)\|)^\Delta \leq \|re_r(t, t_0)(x(t) - y(t))$$

$$+ e_r(\sigma(t), t_0)(F(x(t)) - F(y(t)))\|$$

That is:

$$re_r(t,t_0)\|x(t)-y(t)\|+(1+\mu(t)r)e_r(t,t_0)\|(x(t)-y(t))\|^\Delta$$

$$\leq e_r(t,t_0)\|r(x(t)-y(t))+(1+\mu(t)r)(F(x(t))-F(y(t)))\|$$

$$(1+\mu(t)r)\|x(t)-y(t)\|^\Delta$$

$$\leq \|r(x(t)-y(t))+(1+\mu(t)r)(F(x(t))-F(y(t)))\|$$

$$-r\|x(t)-y(t)\|,\|x(t)-y(t)\|^\Delta \leq f(r)$$

Then:

$$\|x(t)-y(t)\|^\Delta \leq \tilde{\alpha}(F)\|x(t)-y(t)\|$$

$$\|x(t)-y(t)\| \leq e_{\tilde{\alpha}(F)}(t,t_0)\|x_0-y_0\|$$

Theorem 2: When $\tilde{\alpha}(F)<0$, the solution $x(t)$ of the system (6) is exponentially stable. When $\tilde{\alpha}(F)>0$, we consider the following system:

$$\begin{cases} x^\Delta(t)=F(x(t)), & (t\neq t_k,k=1,2,3,\cdots) \\ \Delta x(t)=B_k x(t), & (t=t_k) \\ x(t_0^+)=x_0 \end{cases} \quad (12)$$

where $x\in R^n, F\in C_{rd}(R^n,R^n)$, $F(0)=0$, $\Delta x(t)$ is the change of the state variable at time instant t_k, $t_k^+=\lim\limits_{\lambda\to 0}(t_k+\lambda)$ and $t_k^-=\lim\limits_{\lambda\to 0}(t_k-\lambda)$, $0<t_1<t_2<\cdots<t_i<t_{i+1}<\cdots<t_k\to\infty$ as $k\to\infty$. Then the solution $x(t)$ of the system (12) is exponentially stable if there exist constants $\alpha>1$ and the largest eigenvalue β_k^2 of the matrix $(I+B_k)^T(I+B_k)$, $\beta_k>0$ (I is identity matrix), such that:

$$\alpha\beta_k \leq e_{\tilde{\alpha}(F)}(t_{k-1},t_k). \quad (13)$$

Proof: In view of the system (6), choose $y(t)\equiv 0$, and we have:

$$\|x(t)\| \leq e_{\tilde{\alpha}(F)}(t,t_0)\|x_0\| \quad (14)$$

from Theorem 1. So the solution $x(t)$ is exponentially stable according to Definition 7.

When $\tilde{\alpha}(F)>0$, choose $y(t)\equiv 0$, for any $t\in(t_{k-1},t_k]$ the solution $x(t)$ of the system (12) satisfies:

$$\|x(t)\| \leq e_{\tilde{\alpha}(F)}(t,t_{k-1})\|x(t_{k-1}^+)\| \quad (15)$$

from Theorem 1.

When $t = t_k$, we can get the conclusion:

$$\| x(t_k^+) \| \leq \beta_k \| x(t_k) \| \tag{16}$$

Combining the conditions (13), (15) and (16), the following result is obtained:

$$\| x(t) \| \leq \| x(t_0^+) \| \beta_1 \beta_2 \cdots \beta_k e_{\tilde{\alpha}(F)}(t, t_0)$$

$$\leq \| x(t_0) \| \frac{1}{\alpha^k} e_{\tilde{\alpha}(F)}(t, t_k), t \in (t_k, t_{k+1}] \tag{17}$$

When $k \to \infty, t \to \infty, \| x(t) \| \to 0$, and makes $x(t)$ exponentially stable.

3. Conclusion

Approach for exponentially stable of dynamic systems on time scales which utilizes the nonlinear operator named Generalized Dahlquist constant has been presented in this paper. Strong properties of global and asymptotic stable have been achieved. The techniques will have far-reaching significance to study the stability of dynamic systems.

多重积分形式的李雅普诺夫函数的应用
Stability Analysis for Continuous Neutral Systems

In this paper, R, R^n, $R^{n \times m}$ denote, respectively, the real number, the real n-vectors and the real $n \times m$ matrices. The superscript "T" stand for the transpose of a matrix. The notation $X > Y (X \geq Y)$, where X and Y are symmetric matrices, means that $X - Y$ is positive definite (positive semi-definite). I is the identity matrix of appropriate dimensions. "$*$" denotes the matrix entries implied by symmetry.

1. System Description and Preliminaries

Lemma 1 (Sanchez and Perez): For any n-vectors x, y and a positive-definite matrix $Q \in R^{n \times n}$, the following matrix inequality holds:

$$2x^T y \leq x^T Q x + y^T Q^{-1} y \tag{1}$$

Lemma 2（Schur Complement）：Given constant matrix $S = \begin{pmatrix} S_{11} & S_{12} \\ S_{12}^T & S_{22} \end{pmatrix}$,

where $S_{11} = S_{11}^T$, $S_{22} = S_{22}^T$, the following conditions are equivalent:

(1) $S < 0$;

(2) $S_{11} < 0$, $S_{22} - S_{12}^T S_{11}^{-1} S_{12} < 0$;（3）$S_{22} < 0$, $S_{11} - S_{12}^T S_{11}^{-1} S_{12} < 0$.

Lemma 3：For any vector $\omega(s) \in R^n$, and a positive-definite matrix $Z \in R^{n \times n}$, and constants $\tau_2 > \tau_1 > 0$, the following inequality holds:

$$\int_{-\tau_2}^{-\tau_1} \int_{\theta_n}^{0} \int_{\theta_{n-1}}^{0} \cdots \int_{\theta_3}^{0} \int_{\theta_2}^{0} \int_{t+\theta_1}^{t} \omega^T(s) Z\omega(s) ds d\theta_1 d\theta_2 d\theta_3 \cdots d\theta_{n-1} d\theta_n \geq \frac{(n+1)!}{\tau_2^{n+1} - \tau_1^{n+1}} \Lambda^T Z \Lambda \qquad (2)$$

where $-\tau_2 \leq \theta_n \leq \theta_{n-1} \leq \cdots \leq \theta_2 \leq \theta_1 \leq -\tau_1 \leq 0$, $\Lambda = \int_{-\tau_2}^{-\tau_1} \int_{\theta_n}^{0} \int_{\theta_{n-1}}^{0} \cdots \int_{\theta_3}^{0} \int_{\theta_2}^{0} \int_{t+\theta_1}^{t} \omega^T(s)$

$ds d\theta_1 d\theta_2 d\theta_3 \cdots d\theta_{n-1} d\theta_n$.

Specially, the inequality $\int_{t-\tau}^{t} \omega^T(s) Z\omega(s) ds \geq \frac{1}{\tau} \int_{t-\tau}^{t} \omega^T(s) ds\, Z \int_{t-\tau}^{t} \omega(s) ds$, $\tau > 0$,

is true.

Proof：It is easy to know that:

$$\begin{pmatrix} \omega^T(s) Z\omega(s) & \omega^T(s) \\ \omega(s) & Z^{-1} \end{pmatrix} \geq 0 \qquad (3)$$

The integral to（3）is made one by one from $t+\theta_1$ to t, θ_2 to $0, \cdots, \theta_n$ to $0, -\tau_2$ to $-\tau_1$, respectively, we obtain:

$$\begin{pmatrix} \int_{-\tau_2}^{-\tau_1} \int_{\theta_n}^{0} \int_{\theta_{n-1}}^{0} \cdots \int_{\theta_3}^{0} \int_{\theta_2}^{0} \int_{t+\theta_1}^{t} \omega^T(s) Z\omega(s) ds d\theta_1 d\theta_2 d\theta_3 \cdots d\theta_{n-1} d\theta_n \\ \int_{-\tau_2}^{-\tau_1} \int_{\theta_n}^{0} \int_{\theta_{n-1}}^{0} \cdots \int_{\theta_3}^{0} \int_{\theta_2}^{0} \int_{t+\theta_1}^{t} \omega^T(s) ds d\theta_1 d\theta_2 d\theta_3 \cdots d\theta_{n-1} d\theta_n \\ \int_{-\tau_2}^{-\tau_1} \int_{\theta_n}^{0} \int_{\theta_{n-1}}^{0} \cdots \int_{\theta_3}^{0} \int_{\theta_2}^{0} \int_{t+\theta_1}^{t} \omega(s) ds d\theta_1 d\theta_2 d\theta_3 \cdots d\theta_{n-1} d\theta_n \\ \frac{\tau_2^{n+1} - \tau_1^{n+1}}{(n+1)!} Z^{-1} \end{pmatrix} \geq 0$$

From Lemma 2, we know that:

$$\int_{-\tau_2}^{-\tau_1}\int_{\theta_n}^{0}\int_{\theta_{n-1}}^{0}\cdots\int_{\theta_3}^{0}\int_{\theta_2}^{0}\int_{t+\theta_1}^{t}\omega^T(s)Z\omega(s)\,ds\,d\theta_1\,d\theta_2\,d\theta_3\cdots d\theta_{n-1}\,d\theta_n\geq\frac{(n+1)!}{\tau_2^{n+1}-\tau_1^{n+1}}\Lambda^TZ\Lambda$$

Specially, the integral to (3) is made from τ-τ to t, we have:

$$\int_{t-\tau}^{t}\omega^T(s)Z\omega(s)\,ds\geq\frac{1}{\tau}\int_{t-\tau}^{t}\omega^T(s)\,ds\,Z\int_{t-\tau}^{t}\omega(s)\,ds$$

2. Main Results

Consider the neutral-type system:

$$\dot{x}(t)-C\dot{x}(t-\tau)=Ax(t)+A_1x(t-h)+f(x(t))+g(x(t-h)) \tag{4}$$

where $x(t)\in R^n$ is the state vector, $\tau>0$, $h>0$ are the time-delay, and $A\in R^{n\times n}$, $A_1\in R^{n\times n}$ are the matrices.

In this paper, we give the assumption that there exist the matrices U_i, $W_i\in R^{n\times n}$, $i=1,2$, such that:

$$(f(x(t))-U_1(x(t)))^T(f(x(t))-W_1(x(t))\leq0$$

$$(g(x(t-h))-U_2(x(t-h)))^T(g(x(t-h))-W_2(x(t-h))\leq0 \tag{5}$$

and $x(t)-Cx(t-\tau)=0$ is asymptotically stable.

Theorem 1: For the given constants $\tau>0,h>0$ and $\varepsilon_i>0$, $i=1,2$, the system (4) is asymptotically stable if there exist the matrices:

$$P=\begin{pmatrix}P_{11}&P_{12}&P_{13}&P_{14}&P_{15}\\*&P_{22}&P_{23}&P_{24}&P_{25}\\*&*&P_{33}&P_{34}&P_{35}\\*&*&*&P_{44}&P_{45}\\*&*&*&*&P_{55}\end{pmatrix}>0,\ Q=\begin{pmatrix}Q_{11}&Q_{12}\\*&Q_{22}\end{pmatrix}>0$$

$$Z=\begin{pmatrix}Z_{11}&Z_{12}\\*&Z_{22}\end{pmatrix}>0,\ B=\begin{pmatrix}B_{11}&B_{12}\\*&B_{22}\end{pmatrix}>0,\ D=\begin{pmatrix}D_{11}&D_{12}\\*&D_{22}\end{pmatrix}>0$$

$Z_{n-2}>0,E_{n-2}>0,R_{n-1}>0,F_{n-1}>0,Y_i=(Y_{i1}^T,Y_{i2}^T,Y_{i3}^T,Y_{i4}^T,Y_{i5}^T,Y_{i6}^T)^T$, $i=1,2$, $M=(M_1^T,M_2^T,M_3^T,M_4^T,M_5^T,M_6^T)^T$, $N_{n-1}=(N_{1,n-1}^T,N_{2,n-1}^T,N_{3,n-1}^T,N_{4,n-1}^T,N_{5,n-1}^T,N_{6,n-1}^T)^T$,

$H_{n-1} = (H_{1,n-1}^T, H_{2,n-1}^T, H_{3,n-1}^T, H_{4,n-1}^T, H_{5,n-1}^T, H_{6,n-1}^T)^T$, such that

$$\Delta = \begin{pmatrix} \Delta_{11} & \Delta_{12} & \Delta_{13} \\ * & -\varepsilon_1 I & 0 \\ * & * & -\varepsilon_2 I \end{pmatrix} < 0 \tag{6}$$

where $\Delta_{11} = \Theta + \tau^{-1}\Omega_{c1}D^{-1}\Omega_{c1}^T + h^{-1}\Omega_{c2}Z^{-1}\Omega_{c2}^T + \dfrac{1}{n!}\tau^n N_{n-1}R_{n-1}^{-1}N_{n-1}^T + \dfrac{1}{n!}h^n H_{n-1}F_{n-1}^{-1}H_{n-1}^T + \Psi$,

$\Delta_{12} = M + \dfrac{1}{2}\varepsilon_1(W_1+U_1^T \quad 0 \quad 0 \quad 0 \quad 0 \quad 0)^T$, $\Delta_{13} = M + \dfrac{1}{2}\varepsilon_2(0 \quad 0 \quad W_2+U_2^T \quad 0 \quad 0 \quad 0)^T$,

$$\Omega_{c1} = \tau \cdot \begin{pmatrix} P_{44}+P_{54} & -Y_{21} \\ P_{14} & -Y_{22} \\ -P_{54} & -Y_{23} \\ -P_{44} & -Y_{24} \\ P_{34} & -Y_{25} \\ P_{24} & -Y_{26} \end{pmatrix}, \quad \Omega_{c2} = h \cdot \begin{pmatrix} P_{54}+P_{55} & -Y_{11} \\ P_{15} & -Y_{12} \\ -P_{55} & -Y_{13} \\ -P_{54} & -Y_{14} \\ P_{35} & -Y_{15} \\ P_{25} & -Y_{16} \end{pmatrix}, \quad \Theta = \begin{pmatrix} \Omega_{11} & \Omega_{12} & \Omega_{13} & \Omega_{14} & \Omega_{15} & \Omega_{16} \\ * & \Omega_{22} & \Omega_{23} & \Omega_{24} & \Omega_{25} & \Omega_{26} \\ * & * & \Omega_{33} & \Omega_{34} & \Omega_{35} & \Omega_{36} \\ * & * & * & \Omega_{44} & \Omega_{45} & \Omega_{46} \\ * & * & * & * & \Omega_{55} & \Omega_{56} \\ * & * & * & * & * & \Omega_{66} \end{pmatrix},$$

$$\Psi = \begin{pmatrix} -\varepsilon_1(U_1^T W_1 + W_1^T U_1)/2 & 0 & 0 & 0 & 0 & 0 \\ * & 0 & 0 & 0 & 0 & 0 \\ * & * & -\varepsilon_2(U_2^T W_2 + W_2^T U_2)/2 & 0 & 0 & 0 \\ * & * & * & 0 & 0 & 0 \\ * & * & * & * & 0 & 0 \\ * & * & * & * & * & 0 \end{pmatrix},$$

$\Omega_{11} = P_{14} + P_{14}^T + P_{15} + P_{15}^T + Q_{11} + B_{11} + hZ_{11} + \tau D_{11} + Y_{11} + Y_{11}^T + Y_{21} + Y_{21}^T + \dfrac{h^{n-1}}{(n-1)!}H_{1,n-1} +$

$\dfrac{h^{n-1}}{(n-1)!}H_{1,n-1}^T + \dfrac{\tau^{n-1}}{(n-1)!}N_{1,n-1} + \dfrac{\tau^{n-1}}{(n-1)!}N_{1,n-1}^T + M_1 A + A^T M_1^T + \dfrac{1}{(n-1)!}(\tau^{n-1}Z_{n-2} +$

$h^{n-1}E_{n-2})$, $\Omega_{12} = P_{11} + Q_{12} + B_{12} + hZ_{12} + \tau D_{12} + Y_{12} + Y_{22} + \dfrac{h^{n-1}}{(n-1)!}H_{2,n-1}^T + \dfrac{\tau^{n-1}}{(n-1)!}N_{2,n-1}^T +$

$A^T M_2^T - M_1$, $\Omega_{13} = P_{43} + P_{53} - P_{15} + Y_{13}^T + Y_{23}^T - Y_{11} + \dfrac{h^{n-1}}{(n-1)!}H_{3,n-1}^T + \dfrac{\tau^{n-1}}{(n-1)!}N_{3,n-1}^T + M_1 A_1 +$

$A^T M_3^T$, $\Omega_{14} = P_{42} + P_{52} - P_{14} + Y_{14}^T + Y_{24}^T - Y_{21} + \dfrac{h^{n-1}}{(n-1)!}H_{4,n-1}^T + \dfrac{\tau^{n-1}}{(n-1)!}N_{4,n-1}^T + A^T M_4^T$, $\Omega_{15} =$

$$P_{13}+Y_{15}^T+Y_{25}^T+\frac{h^{n-1}}{(n-1)!}H_{5,n-1}^T+\frac{\tau^{n-1}}{(n-1)!}N_{5,n-1}^T+A^TM_5^T,\ \Omega_{16}=P_{12}+Y_{16}^T+Y_{26}^T+\frac{h^{n-1}}{(n-1)!}H_{6,n-1}^T+$$

$$\frac{\tau^{n-1}}{(n-1)!}N_{6,n-1}^T+M_1C+A^TM_6^T,\Omega_{22}=Q_{22}+B_{22}+hZ_{22}+\tau D_{23}+\frac{h^n}{n!}F_{n-1}+\frac{\tau^n}{n!}R_{n-1}-M_2-M_2^T,\ \Omega_{23}$$

$$=P_{23}-Y_{12}+M_2A_1-M_3^T,\ \Omega_{24}=P_{22}-Y_{22}-M_4^T,\ \Omega_{25}=-M_5^T,\ \Omega_{26}=M_2C-M_6^T,\ \Omega_{33}=-P_{35}-$$

$$P_{35}^T-Q_{11}-Y_{13}-Y_{13}^T+M_3A_1+A_1^TM_3^T,\ \Omega_{34}=-P_{34}-P_{25}^T-Y_{23}-Y_{14}^T+A_1^TM_4^T,\ \Omega_{35}=P_{33}-Q_{12}-$$

$$Y_{15}^T+A_1^TM_5^T,\ \Omega_{36}=P_{32}-Y_{16}^T+M_3C+A_1^TM_6^T,\ \Omega_{44}=-P_{24}-P_{24}^T-B_{11}-Y_{24}-Y_{24}^T,\ \Omega_{45}=P_{23}-$$

$$Y_{25}^T,\ \Omega_{46}=P_{22}-B_{12}-Y_{26}^T+M_4C,\ \Omega_{55}=-Q_{22},\ \Omega_{56}=M_5C,\ \Omega_{66}=-B_{22}+C^TM_6^T+M_6C.$$

Proof：We choose Lyapunov–Krasovskii functional as following：

$$V(x_1)=\zeta^T(t)P\zeta(t)+\int_{t-h}^t\omega^T(s)Q\omega(s)ds+\int_{-h}^t\int_{t+\theta}^t\omega^T(s)Z\omega(s)dsd\theta$$

$$+\int_{t-\tau}^t\omega^T(s)B\omega(s)ds+\int_{-\tau}^t\int_{t+\theta}^t\omega^T(s)D\omega(s)dsd\theta$$

$$+\iiint_{-\tau\theta_n\theta_{n-1}}^{0\ 0\ 0}\cdots\iint_{\theta_3t+\theta_2}^{0\ t}x^T(s)Z_{n-2}x(s)dsd\theta_2\cdots d\theta_n$$

$$+\iiint_{-h\theta_n\theta_{n-1}}^{0\ 0\ 0}\cdots\iint_{\theta_3t+\theta_2}^{0\ t}x^T(s)E_{n-2}x(s)dsd\theta_2\cdots d\theta_n$$

$$+\iiint_{-\tau\theta_n\theta_{n-1}}^{0\ 0\ 0}\cdots\iint_{\theta_2t+\theta_1}^{0\ t}\dot{x}^T(s)R_{n-1}\dot{x}(s)dsd\theta_1\cdots d\theta_n$$

$$+\iiint_{-h\theta_n\theta_{n-1}}^{0\ 0\ 0}\cdots\iint_{\theta_2t+\theta_1}^{0\ t}\dot{x}^T(s)F_{n-1}\dot{x}(s)dsd\theta_1\cdots d\theta_n \tag{7}$$

where $\zeta(t)=(x^T(t),x^T(t-\tau),x^T(t-h),\int_{t-\tau}^tx^T(s)ds,\int_{t-h}^tx^T(s)ds,)^T,\ \omega(s)=\begin{pmatrix}x(s)\\\dot{x}(s)\end{pmatrix}.$

The derivative of $V(x_1)$ on t is shown that：

$$\dot{V}(x_1)=2\zeta^T(t)P\dot{\zeta}(t)+\omega^T(t)(Q+B)\omega(t)-\omega^T(t-h)Q\omega(t-h)-\omega^T(t-\tau)B\omega(t-\tau)$$

$$+\omega^T(t)(hZ+\tau D)\omega(t)-\int_{t-h}^t\omega^T(s)Z\omega(s)ds-\int_{t-\tau}^t\omega^T(s)D\omega(s)ds$$

$$+ \frac{1}{(n-1)!}\tau^{n-1}x^T(t)Z_{n-2}x(t) - \underset{-\tau\theta_n\theta_{n-1}}{\int\int\int}\cdots\underset{\theta_4t+\theta_3}{\int\int}x^T(s)Z_{n-2}x(s)\,dsd\theta_3\cdots d\theta_n$$

$$+ \frac{1}{(n-1)!}h^{n-1}x^T(t)E_{n-2}x(t) - \underset{-h\theta_n\theta_{n-1}}{\int\int\int}\cdots\underset{\theta_4t+\theta_3}{\int\int}x^T(s)E_{n-2}x(s)\,dsd\theta_3\cdots d\theta_n$$

$$+ \frac{1}{n!}\tau^n\dot{x}^T(t)R_{n-1}\dot{x}(t) - \underset{-\tau\theta_n\theta_{n-1}}{\int\int\int}\cdots\underset{\theta_3t+\theta_2}{\int\int}\dot{x}^T(s)R_{n-1}\dot{x}(s)\,dsd\theta_3\cdots d\theta_n$$

$$+ \frac{1}{n!}h^n\dot{x}^T(t)F_{n-1}\dot{x}(t) - \underset{-h\theta_n\theta_{n-1}}{\int\int\int}\cdots\underset{\theta_3t+\theta_2}{\int\int}\dot{x}^T(s)F_{n-1}\dot{x}(s)\,dsd\theta_3\cdots d\theta_n$$

$$= 2\zeta^T(t)P\dot\zeta(t)+\omega^T(t)(Q+B)\omega(t)+\omega^T(t)(hZ+\tau D)\omega(t)$$

$$+\frac{1}{(n-1)!}\tau^{n-1}x^T(t)(\tau^{n-1}Z_{n-2}+h^{n-1}E_{n-2})x(t)+\frac{1}{n!}\dot{x}^T(t)(\tau^nR_{n-1}+h^nF_{n-1})\dot{x}(t)$$

$$-\omega^T(t-h)Q\omega(t-h) - \omega^T(t-\tau)B\omega(t-\tau) - \int_{t-h}^t\omega^T(s)Z\omega(s)\,ds$$

$$-\int_{t-\tau}^t\omega^T(s)D\omega(s)\,ds - \underset{-\tau\theta_n\theta_{n-1}}{\int\int\int}\cdots\underset{\theta_4t+\theta_3}{\int\int}x^T(s)E_{n-2}x(s)\,dsd\theta_3\cdots d\theta_n$$

$$-\underset{-h\theta_n\theta_{n-1}}{\int\int\int}\cdots\underset{\theta_4t+\theta_3}{\int\int}x^T(s)E_{n-2}x(s)\,dsd\theta_3\cdots d\theta_n$$

$$-\underset{-\tau\theta_n\theta_{n-1}}{\int\int\int}\cdots\underset{\theta_3t+\theta_2}{\int\int}\dot{x}^T(s)R_{n-1}\dot{x}(s)\,dsd\theta_2\cdots d\theta_n$$

$$-\underset{-h\theta_n\theta_{n-1}}{\int\int\int}\cdots\underset{\theta_3t+\theta_2}{\int\int}\dot{x}^T(s)F_{n-1}\dot{x}(s)\,dsd\theta_2\cdots d\theta_n$$

From the Leibniz-Newton formula, we have:

$$2\xi^T(t)Y_1\Big[x(t)-x(t-h)- \int_{t-h}^t\dot{x}^T(s)\,ds\Big]=0,$$

$$2\xi^T(t)Y_2\Big[x(t)-x(t-\tau)- \int_{t-\tau}^t\dot{x}^T(s)\,ds\Big]=0,$$

$$2\xi^T(t)N_{n-1}\Big[\frac{1}{(n-1)!}\tau^{n-1}x(t)- \underset{-\tau\theta_n\theta_{n-1}}{\int\int\int}\cdots\underset{\theta_4t+\theta_3}{\int\int}x(s)\,dsd\theta_3\cdots d\theta_n$$

$$-\int_{-\tau\theta_n}^{0}\int_{\theta_n-1}^{0}\int\cdots\int_{\theta_3+\theta_2}^{0}\int_{t}\dot{x}(s)\,dsd\theta_2\cdots d\theta_n\,]=0,$$

$$2\xi^T(t)H_{n-1}\big[\frac{1}{(n-1)!}h^{n-1}x(t)-\int_{-h\theta_n}^{0}\int_{\theta_n-1}^{0}\int\cdots\int_{\theta_4+\theta_3}^{0}\int_{t}x(s)\,dsd\theta_3\cdots d\theta_n$$

$$-\int_{-h\theta_n}^{0}\int_{\theta_n-1}^{0}\int\cdots\int_{\theta_3+\theta_2}^{0}\int_{t}\dot{x}(s)\,dsd\theta_2\cdots d\theta_n\,]=0$$

From the equation（4）, we have：

$$2\xi^T(t)M[-\dot{x}(t)+Ax(t)+A_1x(t-h)+f(x(t))+g(x(t-h))+C\dot{x}(t-\tau)]=0 \quad (8)$$

Where $\xi(t)=(x(t)\ \dot{x}(t)\ x(t-h)\ x(t-\tau)\ \dot{x}(t-h)\ \dot{x}(t-\tau))^T$.

From the inequality（5）, we have：

$$-f^T(x(t))\varepsilon_1f(x(t))+f^T(x(t))\varepsilon_1W_1x(t)+x^T(t)\varepsilon_1U_1f(x(t))-x^T(t)$$
$$\varepsilon_1U_1^TW_1x(t)\geqslant0,-g^T(x(t-h))\varepsilon_2g(x(t-h))+g^T(x(t-h))\varepsilon_2W_2x(t-h)+x^T(t-h)$$
$$\varepsilon_2U_2g(x(t-h))-x^T(t-h)\varepsilon_2U_2^TW_2x(t-h)\geqslant0,$$

It is easy to yield that from Lemma 1, Lemma 2 and Lemma 3：

$$-2\xi^T(t)Y_2\int_{t-\tau}^{t}\dot{x}^T(s)\,ds+2\int_{t-\tau}^{t}x^T(s)\,dsP_{14}^T\dot{x}(t)+2\int_{t-\tau}^{t}x^T(s)\,dsP_{24}^T\dot{x}(t-\tau)$$

$$+2\int_{t-\tau}^{t}x^T(s)\,dsP_{34}^T\dot{x}(t-h)+2\int_{t-\tau}^{t}x^T(s)\,dsP_{44}[x(t)-x(t-\tau)]$$

$$+2\int_{t-\tau}^{t}x^T(s)\,dsP_{45}[x(t)-x(t-h)]=2\xi^T(t)\Omega_{c1}\int_{t-\tau}^{t}\omega(s)\,ds$$

$$\leqslant\tau^{-1}\xi^T(t)\Omega_{c1}D^{-1}\Omega_{c1}^T\xi(t)+\int_{t-\tau}^{t}\omega^T(s)D\omega(s)\,ds, \quad (9)$$

$$-2\xi^T(t)Y_1\int_{t-h}^{t}\dot{x}^T(s)\,ds+2\int_{t-h}^{t}x^T(s)\,dsP_{15}^T\dot{x}(t)+2\int_{t-h}^{t}x^T(s)\,dsP_{25}^T\dot{x}(t-\tau)$$

$$+2\int_{t-h}^{t}x^T(s)\,dsP_{35}^T\dot{x}(t-h)+2\int_{t-h}^{t}x^T(s)\,dsP_{45}^T[x(t)-x(t-\tau)]$$

$$+2\int_{t-\tau}^{t}x^T(s)\,dsP_{55}[x(t)-x(t-h)]=2\xi^T(t)\Omega_{c2}\int_{t-\tau}^{t}\omega(s)\,ds$$

$$\leqslant h^{-1}\xi^T(t)\Omega_{c2}Z^{-1}\Omega_{c2}^T\xi(t) + \int_{t-h}^{t}\omega^T(s)Z\omega(s)\,ds \tag{10}$$

$$-2\xi^T(t)N_{n-1}\int_{-\tau\theta_n\theta_{n-1}}^{0\,0\,0}\cdots\int_{\theta_4t+\theta_3}^{0\,t}x(s)\,dsd\theta_3\cdots d\theta_n$$

$$\leqslant\frac{\tau^{n-1}}{(n-1)!}\xi^T(t)N_{n-1}Z_{n-2}^{-1}N_{n-1}^T\xi(t)+\int_{-\tau\theta_n\theta_{n-1}}^{0\,0\,0}\cdots\int_{\theta_4t+\theta_3}^{0\,t}x^T(s)Z_{n-2}x(s)\,dsd\theta_3\cdots d\theta_n$$

$$\tag{11}$$

$$-2\xi^T(t)N_{n-1}\int_{-\tau\theta_n\theta_{n-1}}^{0\,0\,0}\cdots\int_{\theta_3t+\theta_2}^{0\,t}\dot{x}(s)\,dsd\theta_2\cdots d\theta_n$$

$$\leqslant\frac{\tau^n}{n!}\xi^T(t)N_{n-1}R_{n-1}^{-1}N_{n-1}^T\xi(t)+\int_{-\tau\theta_n\theta_{n-1}}^{0\,0\,0}\cdots\int_{\theta_3t+\theta_2}^{0\,t}\dot{x}^T(s)R_{n-1}x(s)\,dsd\theta_2\cdots d\theta_n \tag{12}$$

$$-2\xi^T(t)H_{n-1}\int_{-h\theta_n\theta_{n-1}}^{0\,0\,0}\cdots\int_{\theta_4t+\theta_3}^{0\,t}x(s)\,dsd\theta_3\cdots d\theta_n$$

$$\leqslant\frac{h^{n-1}}{(n-1)!}\xi^T(t)H_{n-1}E_{n-2}^{-1}H_{n-1}^T\xi(t)+\int_{-\tau\theta_n\theta_{n-1}}^{0\,0\,0}\cdots\int_{\theta_4t+\theta_3}^{0\,t}x^T(s)E_{n-2}x(s)\,dsd\theta_n\cdots d\theta_n,$$

$$\tag{13}$$

$$-2\xi^T(t)H_{n-1}\int_{-h\theta_n\theta_{n-1}}^{0\,0\,0}\cdots\int_{\theta_3t+\theta_2}^{0\,t}\dot{x}(s)\,dsd\theta_2\cdots d\theta_n$$

$$\leqslant\frac{h^n}{n!}\xi^T(t)H_{n-1}F_{n-1}^{-1}H_{n-1}^T\xi(t)+\int_{-h\theta_n\theta_{n-1}}^{0\,0\,0}\cdots\int_{\theta_3t+\theta_2}^{0\,t}\dot{x}^T(s)F_{n-1}\dot{x}(s)\,dsd\theta_2\cdots d\theta_n \tag{14}$$

Then we obtain:

$$\dot{V}(x_i)\leqslant 2\zeta^T(t)P\dot{\zeta}(t)+\omega^T(t)(Q+B)\omega(t)+\omega^T(t)(hZ+\tau D)\omega(t)$$

$$+\frac{1}{(n-1)!}x^T(t)(\tau^{n-1}Z_{n-2}+h^{n-1}E_{n-2})x(t)+\frac{1}{(n)!}\dot{x}^T(t)(\tau^nR_{n-1}+h^nF_{n-1})\dot{x}(t)$$

$$-\omega^T(t-h)Q\omega(t-h)-\omega^T(t-\tau)B\omega(t-\tau)-\int_{t-h}^{t}\omega^T(s)Z\omega(s)\,ds$$

$$-\int_{t-\tau}^{t}\omega^T(s)D\omega(s)\,ds$$

$$-\int\limits_{-\tau\theta_n}^{0}\int\limits_{\theta_n-1}^{0}\int\limits_{}^{0}\cdots\int\limits_{\theta_4t+\theta_3}^{0}\int\limits_{}^{t}x^T(s)Z_{n-2}x(s)dsd\theta_3\cdots d\theta_n$$

$$-\int\limits_{-h\theta_n}^{0}\int\limits_{\theta_n-1}^{0}\int\limits_{}^{0}\cdots\int\limits_{\theta_4t+\theta_3}^{0}\int\limits_{}^{t}x^T(s)E_{n-2}x(s)dsd\theta_3\cdots d\theta_n$$

$$-\int\limits_{-\tau\theta_n}^{0}\int\limits_{\theta_n-1}^{0}\int\limits_{}^{0}\cdots\int\limits_{\theta_3t+\theta_2}^{0}\int\limits_{}^{t}\dot{x}^T(s)R_{n-1}\dot{x}(s)dsd\theta_3\cdots d\theta_n$$

$$-\int\limits_{-h\theta_n}^{0}\int\limits_{\theta_n-1}^{0}\int\limits_{}^{0}\cdots\int\limits_{\theta_3t+\theta_2}^{0}\int\limits_{}^{t}\dot{x}^T(s)F_{n-1}\dot{x}(s)dsd\theta_3\cdots d\theta_n$$

$$+2\xi^T(t)Y_1[x(t)-x(t-h)-\int\limits_{t-h}^{t}\dot{x}^T(s)ds]+2\xi^T(t)Y_2[x(t)-x(t-\tau)$$

$$-\int\limits_{t-\tau}^{t}\dot{x}^T(s)ds]+2\xi^T(t)N_{n-1}[\frac{1}{(n-1)!}\tau^{n-1}x(t)$$

$$-\int\limits_{-\tau\theta_n}^{0}\int\limits_{\theta_n-1}^{0}\int\limits_{}^{0}\cdots\int\limits_{\theta_4t+\theta_3}^{0}\int\limits_{}^{t}x(s)dsd\theta_3\cdots d\theta_n-\int\limits_{-\tau\theta_n}^{0}\int\limits_{\theta_n-1}^{0}\int\limits_{}^{0}\cdots\int\limits_{\theta_3t+\theta_2}^{0}\int\limits_{}^{t}\dot{x}(s)dsd\theta_2\cdots d\theta_n]$$

$$+2\xi^T(t)H_{n-1}[\frac{1}{(n-1)!}h^{n-1}x(t)-\int\limits_{-h\theta_n}^{0}\int\limits_{\theta_n-1}^{0}\int\limits_{}^{0}\cdots\int\limits_{\theta_4t+\theta_3}^{0}\int\limits_{}^{t}x(s)dsd\theta_3\cdots d\theta_n$$

$$-\int\limits_{-h\theta_n}^{0}\int\limits_{\theta_n-1}^{0}\int\limits_{}^{0}\cdots\int\limits_{\theta_3t+\theta_2}^{0}\int\limits_{}^{t}\dot{x}(s)dsd\theta_2\cdots d\theta_n]$$

$$+2\xi^T(t)M[-\dot{x}(t)+Ax(t)+A_1x(t-h)+f(x(t))+g(x(t-h))+C\dot{x}(t-\tau)]$$

$$-f^T(x(t))\varepsilon_1f(x(t))+f^T(x(t))\varepsilon_1W_1x(t)+x^T(t)\varepsilon_1U_1f(x(t))-x^T(t)\varepsilon_1U_1^TW_1x(t)$$

$$-g^T(x(t-h))\varepsilon_2g(x(t-h))+g^T(x(t-h))\varepsilon_2W_2x(t-h)$$

$$+x^T(t-h)\varepsilon_2U_2g(x(t-h))-x^T(t-h)\varepsilon_2U_2^TW_2x(t-h)$$

$$\leqslant\xi^T(t)\Theta\xi(t)+\tau^{-1}\xi^T(t)\Omega_{c1}D^{-1}\Omega_{c1}^T\xi(t)+h^{-1}\xi^T(t)\Omega_{c2}Z^{-1}\Omega_{c2}^T\xi(t)$$

$$+\frac{1}{n!}\tau^n\xi^T(t)N_{n-1}R_{n-1}^{-1}N_{n-1}^T\xi(t)+\frac{1}{n!}h^n\xi^T(t)H_{n-1}F_{n-1}^{-1}H_{n-1}^T\xi(t)$$

$$+2\xi^T(t)M(f(x(t))+g(x(t-h)))-f^T(x(t))\varepsilon_1f(x(t))$$

$$+f^T(x(t))\varepsilon_1W_1x(t)+x^T(t)\varepsilon_1U_1f(x(t))-x^T(t)\varepsilon_1U_1^TW_1x(t)$$

$$-g^T(x(t-h))\varepsilon_2 g(x(t-h))+g^T(x(t-h))\varepsilon_2 W_2 x(t-h)$$

$$+x^T(t-h)\varepsilon_2 U_2 g(x(t-h))-x^T(t-h)\varepsilon_2 U_2^T W_2 x(t-h)$$

$$=\xi^T(t)\left[\Theta+\tau^{-1}\Omega_{c1}D^{-1}\Omega_{c1}^T+h^{-1}\Omega_{c2}Z^{-1}\Omega_{c2}^T\right.$$

$$+\frac{1}{n!}\tau^n N_{n-1}R_{n-1}^{-1}N_{n-1}^T+\frac{1}{n!}h^n H_{n-1}F_{n-1}^{-1}H_{n-1}^T\left]\xi(t)\right.$$

$$+2\xi^T(t)M(f(x(t))+g(x(t-h)))-f^T(x(t))\varepsilon_1 f(x(t))+f^T(x(t))\varepsilon_1 W_1 x(t)$$

$$+x^T(t)\varepsilon_1 U_1 f(x(t))-x^T(t)\varepsilon_1 U_1^T W_1 x(t)-g^T(x(t-h))\varepsilon_2 g(x(t-h))$$

$$+g^T(x(t-h))\varepsilon_2 W_2 x(t-h)+x^T(t-h)\varepsilon_2 U_2 g(x(t-h))-x^T(t-h)\varepsilon_2 U_2^T W_2 x(t-h)$$

$$=\eta^T(t)\Delta\eta(t)$$

According to the condition (6) and Lyapunov stability theory, the system (4) is asymptotically stable.

When $f(x(t))=0$, $g(x(t-h))=0$, the system (1) is

$$\dot{x}(t)-C\dot{x}(t-\tau)=Ax(t)+A_1 x(t-h) \tag{15}$$

We choose the same as Lyapunov–Krasovskii functional of Theorem 1 and the formula (8) is written as following:

$$2\xi^T(t)M[-\dot{x}(t)+Ax(t)+A_1 x(t-h)+C\dot{x}(t-\tau)]=0$$

Imitating the inference of Theorem 1 and according to Lemma 2, we have the following result:

Theorem 2: For the given constants $\tau>0, h>0$, the system (15) is asymptotically stable if there exist the matrices $P>0, Q>0, Z>0, B>0, D>0, Z_{n-2}>0, E_{n-2}>0, R_{n-1}>0, F_{n-1}>0, Y_i, i=1,2,M, Z_{n-2}>0, E_{n-2}>0, R_{n-1}>0, F_{n-1}>0, Y_i, i=1,2,M, N_{n-1}, H_{n-1}, \Theta$, where $U_i=0, W_i=0, i=1,2$, which are the same as Theorem 1, such that:

$$\Omega=\begin{pmatrix} \Theta & \Omega_{c1} & \Omega_{c2} & \sqrt{h^n/n!}\,H_{n-1} & \sqrt{\tau^n/n!}\,N_{n-1} \\ * & -\tau D & 0 & 0 & 0 \\ * & * & -hZ & 0 & 0 \\ * & * & * & -F_{n-1} & 0 \\ * & * & * & * & -R_{n-1} \end{pmatrix}<0$$

Remark: It is easy to know that:

$$\lim_{n \to \infty} \frac{h^n}{n!} = 0, \quad \lim_{n \to \infty} \frac{\tau^n}{n!} = 0$$

So the conservation of stability of systems (4) and (15) is lower and lower when n gets larger and larger.

For the system (15), if we choose Lyapunov-Krasovskii functional:

$$V(x_t) = \zeta^T(t) P \zeta(t) + \int_{t-h}^{t} x^T(s) Q x(s) ds + \int_{-h}^{t} \int_{t+\theta}^{t} \omega^T(s) Z \omega(s) ds d\theta$$

$$+ \int_{t-\tau}^{t} \omega^T(s) B \omega(s) ds + \int_{-\tau}^{t} \int_{t+\theta}^{t} \omega^T(s) D \omega(s) ds d\theta + \int_{-\tau}^{0} \int_{\theta}^{0} \int_{t+\lambda}^{t} \dot{x}^T(s) R \dot{x}(s) ds d\lambda d\theta,$$

where $\zeta(t) = (x^T(t), x^T(t-\tau), \int_{t-\tau}^{t} x^T(s) ds, \int_{t-h}^{t} x^T(s) ds,)^T$, $\omega(s) = \begin{pmatrix} x(s) \\ \dot{x}(s) \end{pmatrix}$,

$$P = \begin{pmatrix} P_{11} & P_{12} & P_{13} & P_{14} \\ * & P_{22} & P_{23} & P_{24} \\ * & * & P_{33} & P_{34} \\ * & * & * & P_{44} \end{pmatrix} > 0, \quad Q > 0, \quad Z = \begin{pmatrix} Z_{11} & Z_{12} \\ * & Z_{22} \end{pmatrix} > 0, \quad B = \begin{pmatrix} B_{11} & B_{12} \\ * & B_{22} \end{pmatrix} > 0,$$

$D = \begin{pmatrix} D_{11} & D_{12} \\ * & D_{22} \end{pmatrix} > 0$, and $\xi(t) = (x^T(t) \quad \dot{x}^T(t) \quad x^T(t-h) \quad x^T(t-\tau) \quad \dot{x}^T(t-\tau))^T$.

We can get the following result:

Corollary 1: For the given constants $\tau > 0, h > 0$, the system (15) is asymptotically stable if there exist the matrices $P > 0, Q > 0, Z > 0, B > 0, D > 0$, and $R > 0$, $Y_i = (Y_{i1}^T, Y_{i2}^T, Y_{i3}^T, Y_{i4}^T, Y_{i5}^T)^T$, $i = 1, 2$, $N = (N_1^T, N_2^T, N_3^T, N_4^T, N_5^T)^T$, $M = (M_1^T, M_2^T, M_3^T, M_4^T, M_5^T)^T$ such that:

$$\Omega = \begin{pmatrix} \Theta & \Omega_{c1} & \Omega_{c2} & \sqrt{\tau^2/2} N \\ * & -\tau D & 0 & 0 \\ * & * & -hZ & 0 \\ * & * & * & -R \end{pmatrix} < 0, \text{where } \Omega_{c1} = \tau \cdot \begin{pmatrix} P_{33} + P_{34} - N_1 & -Y_{21} \\ P_{13} - N_2 & -Y_{22} \\ -P_{34} - N_3 & -Y_{23} \\ -P_{33} - N_4 & -Y_{24} \\ P_{23} - N_5 & -Y_{25} \end{pmatrix},$$

$$\Omega_{c2}=h\cdot\begin{pmatrix}P_{44}+P_{34} & -Y_{11}\\ P_{14} & -Y_{12}\\ -P_{44} & -Y_{13}\\ -P_{34} & -Y_{14}\\ P^{24} & -Y_{15}\end{pmatrix},\quad \Theta=\begin{pmatrix}\Omega_{11} & \Omega_{12} & \Omega_{13} & \Omega_{14} & \Omega_{15}\\ * & \Omega_{22} & \Omega_{23} & \Omega_{24} & \Omega_{25}\\ * & * & \Omega_{33} & \Omega_{34} & \Omega_{35}\\ * & * & * & \Omega_{44} & \Omega_{45}\\ * & * & * & * & \Omega_{55}\end{pmatrix},$$

$$\Omega_{11}=P_{14}+P_{14}^T+P_{13}+P_{13}^T+Q+B_{11}+hZ_{11}+\tau D_{11}+Y_{11}+Y_{11}^T+Y_{21}+Y_{21}^T+\tau N_1+\tau N_1^T+M_1A+A^TM_1^T,$$

$$\Omega_{12}=P_{11}+B_{12}+hZ_{12}+\tau D_{12}+Y_{12}^T+Y_{22}^T+hN_{12}^T+\tau N_2^T+A^TM_2^T-M_1,$$

$$\Omega_{13}=-P_{14}+Y_{13}^T+Y_{23}^T-Y_{11}+\tau N_3^T+M_1A_1+A^TM_3^T,$$

$$\Omega_{14}=P_{23}^T+P_{24}^T-P_{13}+Y_{14}^T+Y_{24}^T-Y_{21}+\tau N_4^T+A^TM_4^T,$$

$$\Omega_{15}=P_{12}+Y_{15}^T+Y_{25}^T+\tau N_5^T+A^TM_5^T+M_1C,\quad \Omega_{22}=B_{22}+hZ_{22}+\tau D_{22}+\frac{1}{2}\tau^2R_2-M_2-M_2^T,$$

$$\Omega_{23}=-Y_{12}+M_2A_1-M_3^T,\quad \Omega_{24}=P_{12}-Y_{22}-M_4^T,\quad \Omega_{25}=M_2C-M_5^T,$$

$$\Omega_{33}=-Q-Y_{13}-Y_{13}^T+M_3A_1+A_1^TM_3^T,\quad \Omega_{34}=-P_{24}^T-Y_{23}-Y_{14}^T+A_1^TM_4^T,\quad \Omega_{35}=-Y_{15}^T+A_1^TM_5^T+M_3C,$$

$$\Omega_{44}=-P_{23}-P_{23}^T-B_{11}-Y_{24}-Y_{24}^T,\quad \Omega_{45}=P_{22}-B_{12}-Y_{25}+M_4C,\quad \Omega_{55}=-B_{22}+M_5C+C^TM_5^T.$$

When $h=\tau$, the neutral-type system (15) is:

$$\dot{x}(t)-C\dot{x}(t-\tau)=Ax(t)+A_1x(t-\tau) \tag{16}$$

We choose Lyapunov-Krasovskii functional:

$$V(x_t)=\zeta^T(t)P\zeta(t)+\int_{t-\tau}^t\omega^T(s)Q\omega(s)ds+\int_{-\tau}^t\int_{t+\theta}^t\omega^T(s)Z\omega(s)dsd\theta$$

$$+\int_{-\tau\theta_n}^0\int_{\theta_{n-1}}^0\int\cdots\int_{\theta_3t+\theta_2}^0\int^t x^T(s)Z_{n-2}x(s)dsd\theta_2d\theta_3\cdots d\theta_{n-1}d\theta_n$$

$$+\int_{-\tau\theta_n}^0\int_{\theta_{n-1}}^0\int\cdots\int_{\theta_2t+\theta_1}^0\int^t \dot{x}^T(s)R_{n-1}\dot{x}(s)dsd\theta_1d\theta_2\cdots d\theta_{n-1}d\theta_n$$

where $\zeta(t)=\begin{pmatrix}x(t)\\ x(t-\tau)\\ \vdots\\ \int_{t-\tau}^t x(s)ds\end{pmatrix}$, $\omega(s)=\begin{pmatrix}x(s)\\ \dot{x}(s)\end{pmatrix}$, $P=\begin{pmatrix}P_{11} & P_{12} & P_{13}\\ & P_{22} & P_{23}\\ & & P_{33}\end{pmatrix}>0$,

$$Q=\begin{pmatrix}Q_{11} & Q_{12}\\ * & Q_{22}\end{pmatrix}>0,\quad Z=\begin{pmatrix}Z_{11} & Z_{12}\\ * & Z_{22}\end{pmatrix}>0,\quad Z_{n-2}>0,\quad R_{n-1}>0.$$

The derivative of $V(x_t)$ on t is shown that:

$$\dot{V}(x_1) = 2\zeta^T(t)P\dot{\zeta}(t) + \omega^T(t)Q\omega(t) - \omega^T(t-\tau)Q\omega(t-\tau) + \omega^T(t)(\tau Z)\omega(t)$$

$$- \int_{t-\tau}^{t}\omega^T(s)Z\omega(s)ds + \frac{1}{(n-1)!}\tau^{n-1}x^T(t)Z_{n-2}x(t) - \int_{-\tau\theta_n\theta_{n-1}}^{0}\int_{\theta_4 t+\theta_3}^{0}\cdots\int_{\theta_4 t+\theta_3}^{0}\int^{t}x^T(s)$$

$$Z_{n-2}x(s)dsd\theta_3 d\theta_4\cdots d\theta_{n-1}d\theta_n + \frac{1}{n!}\tau^n\dot{x}^T(t)R_{n-1}\dot{x}(t)$$

$$- \int_{-\tau\theta_n\theta_{n-1}}^{0}\int^{0}\int^{0}\cdots\int_{\theta_3 t+\theta_2}^{0}\int^{t}\dot{x}^T(s)R_{n-1}\dot{x}(s)dsd\theta_2 d\theta_3\cdots d\theta_{n-1}d\theta_n$$

From the Leibniz–Newton formula,

$$2\xi^T(t)Y[x(t) - x(t-\tau) - \int_{t-\tau}^{t}\dot{x}^T(s)ds] = 0$$

$$2\xi^T(t)N_{n-1}\left[\frac{1}{(n-1)!}\tau^{n-1}x(t) - \int_{-\tau\theta_n\theta_{n-1}}^{0}\int^{0}\int^{0}\cdots\int_{\theta_4 t+\theta_3}^{0}\int^{t}x(s)dsd\theta_3 d\theta_4\cdots d\theta_{n-1}d\theta_n\right.$$

$$\left.- \int_{-\tau\theta_n\theta_{n-1}}^{0}\int^{0}\int^{0}\cdots\int_{\theta_3 t+\theta_2}^{0}\int^{t}\dot{x}(s)dsd\theta_2 d\theta_3\cdots d\theta_{n-1}d\theta_n\right] = 0$$

$$2\xi^T(t)M[-\dot{x}(t) + Ax(t) + A_1 x(t-\tau) + C\dot{x}(t-\tau)] = 0$$

where $\xi(t) = \begin{pmatrix} x(t) \\ \dot{x}(t) \\ x(t-\tau) \\ \dot{x}(t-\tau) \end{pmatrix}$, $Y = \begin{pmatrix} Y_1 \\ Y_2 \\ Y_3 \\ Y_4 \end{pmatrix}$, $N_{n-1} = \begin{pmatrix} N_{1,n-1} \\ N_{2,n-1} \\ N_{3,n-1} \\ N_{4,n-1} \end{pmatrix}$, $M = \begin{pmatrix} M_1 \\ M_2 \\ M_3 \\ M_4 \end{pmatrix}$.

It is easy to yield that:

$$-2\xi^T(t)Y\int_{t-\tau}^{t}\dot{x}^T(s)ds + 2\int_{t-\tau}^{t}x^T(s)dsP_{13}^T\dot{x}(t) + 2\int_{t-\tau}^{t}x^T(s)dsP_{23}^T\dot{x}(t-\tau)$$

$$+ 2\int_{t-\tau}^{t}x^T(s)dsP_{33}[x(t) - x(t-\tau)] \leqslant \tau^{-1}\xi^T(t)\Omega_c Z^{-1}\Omega_{c1}^T\xi(t)$$

$$+ \int_{t-\tau}^{t}\omega^T(s)Z\omega(s)ds \text{ ,where } \Omega_c = \begin{pmatrix} \tau P_{33} & -\tau Y_1 \\ \tau P_{13} & -\tau Y_2 \\ -\tau P_{33} & -\tau Y_3 \\ \tau P_{23} & -\tau Y_4 \end{pmatrix}.$$

$$-2\xi^T(t)N_{n-1}\int_{-\tau\theta_n}^{0}\int_{\theta_{n-1}}^{0}\int\cdots\int_{\theta_4+\theta_3}^{0}\int^{t}x(s)\,ds\,d\theta_3\,d\theta_4\cdots d\theta_{n-1}\,d\theta_n$$

$$\leqslant\frac{\tau^{n-1}}{(n-1)!}\xi^T(t)N_{n-1}Z_{n-2}^{-1}N_{n-1}^T\xi(t)+\int_{-\tau\theta_n}^{0}\int_{\theta_{n-1}}^{0}\int\cdots\int_{\theta_4+\theta_3}^{0}\int^{t}x^T(s)Z_{n-2}x(s)\,ds\,d\theta_3\,d\theta_4\cdots d\theta_{n-1}\,d\theta_n$$

$$-2\xi^T(t)N_{n-1}\int_{-\tau\theta_n}^{0}\int_{\theta_{n-1}}^{0}\int\cdots\int_{\theta_3+\theta_2}^{0}\int^{t}\dot{x}(s)\,ds\,d\theta_2\,d\theta_3\cdots d\theta_{n-1}\,d\theta_n$$

$$\leqslant\frac{\tau^{n}}{n!}\xi^T(t)N_{n-1}R_{n-1}^{-1}N_{n-1}^T\xi(t)+\int_{-\tau\theta_n}^{0}\int_{\theta_{n-1}}^{0}\int\cdots\int_{\theta_3+\theta_2}^{0}\int^{t}\dot{x}^T(s)R_{n-1}\dot{x}(s)\,ds\,d\theta_2\,d\theta_3\cdots d\theta_{n-1}\,d\theta_n$$

Then we obtain that:

$$\dot{V}(x_t)\leqslant\xi^T(t)\left(\Theta+\tau^{-1}\Omega_c Z^{-1}\Omega_c^T+\frac{\tau^{n-1}}{(n-1)!}N_{n-1}Z_{n-2}^{-1}N_{n-1}^T+\frac{\tau^n}{n!}N_{n-1}R_{n-1}^{-1}N_{n-1}^T\right)\xi(t)$$

$$=\xi^T(t)\left[\Theta+\tau^{-1}\Omega_c Z^{-1}\Omega_c^T+\frac{\tau^{n-1}}{(n-1)!}N_{n-1}\left(Z_{n-2}^{-1}+\frac{\tau}{n}R_{n-1}^{-1}\right)^{-1}N_{n-1}^T\right]\xi(t)$$

According to the above inference and Lemma 2, the following result is obtained:

Corollary 2: For the given constants $\tau>0$, the system (16) is asymptotically stable if there exist the matrices $P>0,Q>0,Z>0$, and $R_{n-1}>0$, $Z_{n-2}>0, Y=(Y_1^T,Y_2^T,Y_3^T,Y_4^T)^T$, $N_{n-1}=(N_{1,n-1}^T,N_{2,n-1}^T,N_{3,n-1}^T,N_{4,n-1}^T)^T$, $M=(M_1^T,M_2^T,M_3^T,M_4^T)^T$ such that:

$$\Omega=\begin{pmatrix}\Theta & \Omega_c & \sqrt{\dfrac{\tau^{n-1}}{(n-1)!}}N_{n-1}\\[2mm] * & -\tau Z & 0\\[1mm] * & * & -H_{n-1}\end{pmatrix}<0,$$

where $H_{n-1}=Z_{n-2}^{-1}+\dfrac{\tau}{n}R_{n-1}^{-1}$, $\Theta=\begin{pmatrix}\Omega_{11} & \Omega_{12} & \Omega_{13} & \Omega_{14}\\ * & \Omega_{22} & \Omega_{23} & \Omega_{24}\\ * & * & \Omega_{33} & \Omega_{34}\\ * & * & * & \Omega_{44}\end{pmatrix}$, $\Omega_{11}=P_{13}+P_{13}^T+Q_{11}+\tau Z_{11}+$

$\dfrac{\tau^{n-1}}{(n-1)!}Z_{n-2}+Y_1+Y_1^T+\dfrac{\tau^{n-1}}{(n-1)!}N_{1,n-1}+\dfrac{\tau^{n-1}}{(n-1)!}N_{1,n-1}^T+M_1A+A^TM_1^T$, $\Omega_{12}=P_{11}+Q_{12}+$

$\tau Z_{12}+Y_2^T+\dfrac{\tau^{n-1}}{(n-1)!}N_{2,n-1}+A^TM_2^T-M_1$, $\Omega_{13}=-P_{13}+P_{23}^T+Y_3^T-Y_1+\dfrac{\tau^{n-1}}{(n-1)!}N_{3,n-1}+M_1A_1+$

$A^T M_3^T$, $\Omega_{14} = P_{12} + Y_4^T + \dfrac{\tau^{n-1}}{(n-1)!} N_{4,n-1} + A^T M_4^T + M_1 C$, $\Omega_{22} = Q_{22} + \tau Z_{22} + \dfrac{\tau^n}{n!} R_{n-1} - M_2 - M_2^T$,

$\Omega_{23} = P_{12} - Y_2 + M_2 A_1 - M_3^T$, $\Omega_{24} = M_2 C - M_4^T$, $\Omega_{33} = -Q_{11} - Y_3 - Y_3^T + M_3 A_1 + A_1^T M_3^T - P_{23}^T - P_{23}$, $\Omega_{34} = P_{22} - Q_{12} - Y_4^T + A_1^T M_4^T + M_3 C$, $\Omega_{44} = -Q_{22} + M_4 C + C^T M_4^T$.

3. Examples and Simulation

Example: Consider the neutral system:

$$\begin{cases} \dot{x}_1(t) - 0.3\dot{x}_1(t-\tau) = -4x_1(t) + x_2(t) + 0.25x_1^2(t) - x_1(t-h) \\ \dot{x}_2(t) - 0.3\dot{x}_2(t-\tau) = -3x_2(t) + 1.2x_1(t) + 0.4x_2^2(t) + \sin(x_1(t) + x_2(t)) \\ \qquad\qquad + x_1(t-h) + 0.6x_2(t-h) + \sin(x_2^3(t-h)) \end{cases}$$

where the time delays $\tau = 1$, $h = 6$.

Simulation results are shown in the following Fig. 1 and Fig. 2.

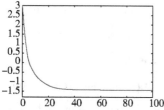
Fig. 1 The state response $x_1(t)$

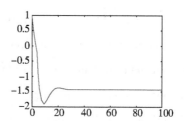
Fig. 2 The state response $x_2(t)$

4. Conclusion

In this paper, considering Lyapunov–Krasovskii functional on the multidimensional integrals, the asymptotic stability of a class of neutral systems with neutral and discrete constant delays has been addressed. The conservation of stability of the systems is decreased.

Zhang 梯度法求解复值线性矩阵方程及应用

The Solving of A Class of Complex-valued Linear Matrix Equations and Its Application in (Split) Quaternion Mechanics

The set of quaternions, which was introduced by Hamilton, can be represented as

$$H = \{q = q_0 + q_1 i + q_2 j + q_3 k, q_0, q_1, q_2, q_3 \in R\},$$

where $i^2 = j^2 = k^2 = -1$ and $ijk = -1$. The set of quaternions is a member of non-commutative division algebra.

Soon after discovering quaternions, James Cockle introduced the set of split quaternions

$$H_s = \{q = q_0 + q_1 i + q_2 j + q_3 k, q_0, q_1, q_2, q_3 \in R\},$$

where $i^2 = -1$, $j^2 = k^2 = 1$ and $ijk = 1$. The set of split quaternions is non-commutative, too. Unlike quaternion algebra, the set of split quaternions contains zero divisors, nilpotent elements and nontrivial idempotent.

Notation: Throughout this paper, for I is the identity matrix with appropriate dimension; M^T, M^H and $\bar{M}$ represent the transpose, the conjugation and transpose, the conjugation of the matrix M, respectively; $0_{m \times n}$ means a zero matrix with $m \times n$ dimensions; R^n, C^n, H^n, H_s^n denote the n- dimension real, complex, quaternion and split quaternion vector space, respectively; $R^{m \times n}, C^{m \times n}, H^{m \times n}, H_s^{m \times n}$, denote the $m \times n$ real, complex, quaternion and split quaternion matrix space, respectively.

This work considers the following form of complex-valued linear matrix equations:

$$\begin{cases} A_{11} Y + B_{11} Z + A_{12} \bar{Y} + B_{12} \bar{Z} + YC_{11} + ZD_{11} + \bar{Y}C_{12} + \bar{Z}D_{12} = M_1 \\ A_{21} Y + B_{21} Z + A_{22} \bar{Y} + B_{22} \bar{Z} + YC_{21} + ZD_{21} + \bar{Y}C_{22} + \bar{Z}D_{22} = M_2 \end{cases} \tag{1}$$

where $A_{kl} \in C^{m \times m}$, $B_{kl} \in C^{m \times m}$, $C_{kl} \in C^{n \times n}$, $D_{kl} \in C^{n \times n}$, $Y \in C^{m \times n}$, $Z \in C^{m \times n}$, $M_p \in C^{m \times n}$, $k, l, p = 1, 2$.

The each elements of the desired matrices Y and Z is considered as the function on t. We construct the neural networks via Zhang gradient method and guaranteed to globally exponentially converge to the theoretical solution of the given linear matrix equations. Then the technique is utilizing to solve online linear matrix equations as following:

$$AX+XB = C \text{ and } A\bar{X}+XB = C \tag{2}$$

where $A \in H^{m \times m}(H_s^{m \times m})$, $B \in H^{n \times n}(H_s^{n \times n})$, and $C \in H^{m \times n}(H_s^{m \times n})$ are the given constant coefficient matrices, while $X \in H^{m \times n}(H_s^{m \times n})$, is the unknown matrix to be solved.

1. Preliminaries

In this section, to obtain the main results, we list the following definitions and lemmas:

Definition 1: The vectorization operator $vec: C^{n \times l} \rightarrow C^{nl}$ stacks the columns of a matrix X into a long column vector x; i. e. , writing $X = (x_1, x_2, \cdots, x_l)$ in terms of columns, where $x_j \in C^n$ for $j = 1, 2, \cdots, l$, one has

$$vec(X) = \begin{pmatrix} x_1 \\ x_2 \\ \vdots \\ x_l \end{pmatrix}. \tag{3}$$

Cleary the vectorization operator is linear, and in fact it is a vector space. It is also an isometry in the sense that $\langle vec(A), vec(B) \rangle_2 = \langle A, B \rangle_F$.

Definition 2: Given matrices $S = (s_{ij}) \in C^{m \times n}$ and $T \in C^{l \times p}$, the Kronecker product $S \otimes T \in C^{ml \times np}$ is defined as:

$$S \otimes T = \begin{pmatrix} s_{11}T & s_{12}T & \cdots & s_{1n}T \\ s_{21}T & s_{22}T & \cdots & s_{2n}T \\ \vdots & \vdots & \cdots & \vdots \\ s_{m1}T & s_{m2}T & \cdots & s_{mn}T \end{pmatrix} \tag{4}$$

Lemma 1: Suppose that A, B, C, D are appropriate dimension matrices, then there are some conclusions as following:

(1) $(A+B) \otimes (C+D) = A \otimes C + A \otimes D + B \otimes C + B \otimes D$;

(2) $(A \otimes B)^H = A^H \otimes B^H$, $(A \otimes B)^T = A^T \otimes B^T$;

(3) $vec(ABD) = (D^T \otimes A) vec(B)$.

Definition 3: Suppose $A = (a_{ij})_{m \times n} \in C^{m \times n}$, the Frobenius norm is defined as

$$\| A \|_F = (\sum_{i=1}^{m} \sum_{j=1}^{n} |a_{ij}|^2)^{\frac{1}{2}} = \sqrt{tr(A^H A)} \tag{5}$$

There are some important conclusions for the trace of matrix and its derivation as following:

Lemma 2: Suppose $X = (x_{ij})$ is variable matrix, $A = (a_{ij})$, $B = (b_{ij})$ are constant matrices, then:

(1) $tr(AX) = tr(XA)$;

(2) $tr(X) = tr(X^T)$; $tr(XX^T) = tr(X^T X)$;

(3) $\dfrac{d}{dX} tr(BX) = \dfrac{d}{dX} tr(X^T B^T) = B^T$;

(4) $\dfrac{d}{dX} tr(X^T AX) = (A + A^T) X$;

(5) $\dfrac{dtr(XBX^T A)}{dX} = AXB + A^T XB^T$.

Definition 4: Suppose the complex valued function $f(z) = f(z, \bar{z}) = \mathrm{Re}\{f\} + i\mathrm{Im}\{f\}$,

$$\frac{\partial f(z, \bar{z})}{\partial z} = \frac{1}{2} \left(\frac{\partial f}{\partial x} - i \frac{\partial f}{\partial y} \right) \text{ and } \frac{\partial f(z, \bar{z})}{\partial \bar{z}} = \frac{1}{2} \left(\frac{\partial f}{\partial x} + i \frac{\partial f}{\partial y} \right)$$

is said to be R−derive, where $z = x + iy$, $x, y \in R$, $\bar{z}$ is conjugate complex number of z.

According to the above definition, the complex valued Jacobi matrix is:

$$\frac{\partial f(z, \bar{z})}{\partial z} = \begin{pmatrix} \dfrac{\partial f_1}{\partial z_1} & \dfrac{\partial f_1}{\partial z_2} & \cdots & \dfrac{\partial f_1}{\partial z_n} \\ \dfrac{\partial f_2}{\partial z_1} & \dfrac{\partial f_2}{\partial z_2} & \cdots & \dfrac{\partial f_2}{\partial z_n} \\ \vdots & \vdots & \cdots & \vdots \\ \dfrac{\partial f_n}{\partial z_1} & \dfrac{\partial f_n}{\partial z_2} & \cdots & \dfrac{\partial f_n}{\partial z_n} \end{pmatrix}, \quad \frac{\partial f(z, \bar{z})}{\partial \bar{z}} = \begin{pmatrix} \dfrac{\partial f_1}{\partial \bar{z}_1} & \dfrac{\partial f_1}{\partial \bar{z}_2} & \cdots & \dfrac{\partial f_1}{\partial \bar{z}_n} \\ \dfrac{\partial f_2}{\partial \bar{z}_1} & \dfrac{\partial f_2}{\partial \bar{z}_2} & \cdots & \dfrac{\partial f_2}{\partial \bar{z}_n} \\ \vdots & \vdots & \cdots & \vdots \\ \dfrac{\partial f_n}{\partial \bar{z}_1} & \dfrac{\partial f_n}{\partial \bar{z}_2} & \cdots & \dfrac{\partial f_n}{\partial \bar{z}_n} \end{pmatrix}, \tag{6}$$

where $f(z,\bar{z}) = (f_1(z,\bar{z}), f_2(z,\bar{z}), \cdots, f_n(z,\bar{z}))^T$, $z = (z_1, z_2, \cdots, z_n)^T$, $\bar{z} = (\bar{z}_1, \bar{z}_2, \cdots, \bar{z}_n)^T$.

For the real-valued or complex-valued linear matrix equations $AX + XB = C$ and $A\bar{X} + XB = C$, they may be changed into the linear equations [117, 119-121] to solve using Kronecker product in the past references. However, the case to quaternion or split quaternion linear matrix equations is not true since they don't satisfy the commutative law, i. e. $vec(AXB) \neq (B^T \otimes A)vecX$. For example,

$$A = (a_1, a_2) \in H^{1\times 2}, \quad X = (x_1, x_2)^T \in H^{2\times 1}, \quad B = (b_1, b_2) \in H^{1\times 2},$$

$$AXB = (a_1 b_1 c_1 + a_2 b_2 c_1, a_1 b_1 c_2 + a_2 b_2 c_2),$$

$$vec(AXB) = (a_1 b_1 c_1 + a_2 b_2 c_1, a_1 b_1 c_2 + a_2 b_2 c_2)^T,$$

but $(B^T \otimes A)vec(X) = (c_1 a_1 b_1 + c_1 a_2 b_2, c_2 a_1 b_1 + c_2 a_2 b_2)^T$.

2. Main Results

For the linear matrix equation $AXB = C$, where $A \in R^{m\times m}, B \in R^{n\times n}, C \in R^{m\times n}, X \in R^{m\times n}$, constructing the recursive neural network model,

$$\dot{X} = -\gamma A^T(AX(t)B - C)B^T, \quad X(0) \in R^{m\times n}, \quad t \in [0, +\infty), \gamma > 0 \quad (7)$$

and show that it converges to the theoretical solution $X^* = A^{-1}CB^{-1}$.

Based on the above design method, we obtain the following results:

We consider the following complex-valued linear matrix equations:

$$\begin{cases} A_{11}Y + B_{11}Z + A_{12}\bar{Y} + B_{12}\bar{Z} + YC_{11} + ZD_{11} + \bar{Y}C_{12} + \bar{Z}D_{12} = M_1 \\ A_{21}Y + B_{21}Z + A_{22}\bar{Y} + B_{22}\bar{Z} + YC_{21} + ZD_{21} + \bar{Y}C_{22} + \bar{Z}D_{22} = M_2 \end{cases} \quad (8)$$

where $A_{kl} \in C^{m\times m}$, $B_{kl} \in C^{m\times m}$, $C_{kl} \in C^{n\times n}$, $D_{kl} \in C^{n\times n}$, $Y \in C^{m\times n}$, $Z \in C^{m\times n}$, $M_p \in C^{m\times n}$, $k, l, p = 1, 2$.

Conjugating the above formulation, we have:

$$\begin{cases} \bar{A}_{11}\bar{Y} + \bar{B}_{11}\bar{Z} + \bar{A}_{12}Y + \bar{B}_{12}Z + \bar{Y}\bar{C}_{11} + \bar{Z}\bar{D}_{11}Y\bar{C}_{12} + Z\bar{D}_{12} = \bar{M}_1 \\ \bar{A}_{21}\bar{Y} + \bar{B}_{21}\bar{Z} + \bar{A}_{22}Y + \bar{B}_{22}Z + \bar{Y}\bar{C}_{21} + \bar{Z}\bar{D}_{21} + Y\bar{C}_{22} + Z\bar{D}_{22} = \bar{M}_2 \end{cases} \quad (9)$$

From (8) and (9), it is obtained that:

$$\sum_{k=1}^{4} P_k X Q_k + X Q_5 = M \quad (10)$$

where $P_1 = \begin{pmatrix} A_{11} & B_{11} & A_{12} & B_{12} \\ A_{21} & B_{21} & A_{22} & B_{22} \\ \bar{A}_{12} & \bar{B}_{12} & \bar{A}_{11} & \bar{B}_{11} \\ \bar{A}_{22} & \bar{B}_{22} & \bar{A}_{21} & \bar{B}_{21} \end{pmatrix}$, $P_2 = \begin{pmatrix} 0 & I & 0 & 0 \\ I & 0 & 0 & 0 \\ 0 & 0 & 0 & I \\ 0 & 0 & I & 0 \end{pmatrix}$, $P_3 = \begin{pmatrix} 0 & 0 & I & 0 \\ 0 & 0 & 0 & I \\ I & 0 & 0 & 0 \\ 0 & I & 0 & 0 \end{pmatrix}$,

$P_4 = \begin{pmatrix} 0 & 0 & 0 & I \\ 0 & 0 & I & 0 \\ 0 & I & 0 & 0 \\ I & 0 & 0 & 0 \end{pmatrix}$, $X = \begin{pmatrix} Y & 0 & 0 & 0 \\ 0 & Z & 0 & 0 \\ 0 & 0 & \bar{Y} & 0 \\ 0 & 0 & 0 & \bar{Z} \end{pmatrix}$, $Q_1 = \begin{pmatrix} I \\ I \\ I \\ I \end{pmatrix}$, $Q_2 = \begin{pmatrix} C_{21} \\ D_{11} \\ \bar{C}_{21} \\ \bar{D}_{11} \end{pmatrix}$, $Q_3 = \begin{pmatrix} \bar{C}_{12} \\ \bar{D}_{22} \\ C_{12} \\ D_{22} \end{pmatrix}$,

$Q_4 = \begin{pmatrix} \bar{C}_{22} \\ \bar{D}_{12} \\ C_{22} \\ D_{12} \end{pmatrix}$, $Q_5 = \begin{pmatrix} C_{21} \\ D_{21} \\ \bar{C}_{11} \\ \bar{D}_{21} \end{pmatrix}$, $M = \begin{pmatrix} M_1 \\ M_2 \\ \bar{M}_1 \\ \bar{M}_2 \end{pmatrix}$.

According to Lemma 2, we has:

$$\frac{\partial\left(\left\| \sum_{m=1}^{4} P_m X Q_m + X Q_5 - M \right\|_F^2 /2 \right)}{\partial X} = \sum_{s=1}^{4} P_s^H \left(\sum_{m=1}^{4} P_m X Q_m + X Q_5 - M \right) Q_5^H$$

$$+ \left(\sum_{k=1}^{4} P_m X Q_m + X Q_5 - M \right) Q_5^H \text{ with the rule } \frac{\partial(\cdot)}{\partial 0} = 0.$$

We consider the unknown matrix X as the matrix function on t, i.e. $X = X(t)$. From the documents, we get the neural network mode:

$$\dot{X} = -\gamma \left[\sum_{s=1}^{4} P_s^H \varphi \left(\sum_{k=1}^{4} P_k X Q_k + X Q_5 - M \right) Q_5^H + \varphi \left(\sum_{k=1}^{4} P_k X Q_k + X Q_5 - M \right) Q_5^H \right] \quad (11)$$

where $\gamma > 0$ is a real constant, $\varphi(\cdot) : C^{m \times n} \to C^{m \times n}$, whose scalar–valued processing–unit $f(\cdot)$ is a monotonically–increasing odd active function, such as, $f(u) = u$, $f(u) = \dfrac{e^{\eta u} - e^{-\eta u}}{e^{\eta u} + e^{-\eta u}}, \eta \geqslant 2$, and so on, denotes a matrix activation–function array of neural networks.

We will prove that the mode (11) can globally exponentially converge to the theoretical solution of the linear matrix equation (3).

Define the corresponds to the theoretical solution X^* of mode (3), that is:

$$\sum_{m=1}^{4} P_m X^* Q_m + X^* Q_5 = M \tag{12}$$

Take $X = X - X^*$, so we get the result as following:

$$\dot{X} = -\gamma \left[\sum_{s=1}^{4} P_s^H \varphi \left(\sum_{k=1}^{4} P_m X Q_m + X Q_5 \right) Q_s^H + \varphi \left(\sum_{k=1}^{4} P_m X Q_m + X Q_5 \right) Q_5^H \right] \tag{13}$$

Using column draw operator and Lemma 1, we have:

$$vec(\dot{X}) = -\gamma \left(\sum_{s=1}^{4} (Q_s \otimes P_s^H + Q_5^H \otimes I) \right) \varphi \left(\sum_{m=1}^{4} (Q_m^H \otimes P_m + Q_5^H \otimes I) vec(X) \right) \tag{14}$$

Construct the Lyapunov function $V = ((vec(X)^H vec(X))/2$, and the derivation on t of V along the system (14) is:

$$\frac{dV}{dt} = vec(X)^H vec(\dot{X})$$

$$= -\gamma vec(X)^H \left[\sum_{s=1}^{4} P_s^H \varphi \left(\sum_{m=1}^{4} P_m X Q_m + X Q_5 \right) Q_5^H + \varphi \left(\sum_{m=1}^{4} P_m X Q_m + X Q_5 \right) Q_5^H \right]$$

$$= -\gamma \left(\sum_{m=1}^{4} (Q_m^H \otimes P_m + Q_5^H \otimes I) vec(X) \right)^H \varphi \left(\sum_{m=1}^{4} (Q_m^H \otimes P_m + Q_5^H \otimes I) vec(X) \right) < 0.$$

According to Lyapunov stability theory, we know that system (14) is globally exponentially stability, that is, the mode (11) globally exponentially converges to the theoretical solution of the linear matrix equation (10).

Suppose $\varphi \left(\sum_{k=1}^{4} P_m X Q_m + X Q_5 - M \right) = (f_1^T(Y,Z), f_2^T(Y,Z), f_3^T(Y,Z), f_4^T(Y,$

$Z))^T$, we has the following conclusion from the formula (5):

$$\dot{Y} = -\gamma (A_{11}^H, A_{21}^H, A_{12}^T, A_{22}^T) \begin{pmatrix} f_1(Y,Z) \\ f_2(Y,Z) \\ f_3(Y,Z) \\ f_4(Y,Z) \end{pmatrix}^T -\gamma (f_1(Y,Z), f_2(Y,Z), f_3(Y,Z), f_4(Y,Z)) \begin{pmatrix} C_{11}^H \\ C_{21}^H \\ C_{12}^T \\ C_{22}^T \end{pmatrix}$$

$$\tag{15}$$

$$\dot{Z}=-\gamma(B_{11}^{H},B_{21}^{H},B_{12}^{T},B_{22}^{T})\begin{pmatrix}f_1(Y,Z)\\f_2(Y,Z)\\f_3(Y,Z)\\f_4(Y,Z)\end{pmatrix}^{T}-\gamma(f_1(Y,Z),f_2(Y,Z),f_3(Y,Z),f_4(Y,Z))\begin{pmatrix}D_{11}^{H}\\D_{21}^{H}\\D_{12}^{T}\\D_{22}^{T}\end{pmatrix}$$

$$(16)$$

where $f_1(Y,Z)=A_{11}Y+B_{11}Z+A_{12}\bar{Y}+B_{12}\bar{Z}+YC_{11}+ZD_{11}+\bar{Y}C_{12}+\bar{Z}D_{12}-M_1$,

$f_2(Y,Z)=A_{21}Y+B_{21}Z+A_{22}\bar{Y}+B_{22}\bar{Z}+YC_{21}+ZD_{21}+\bar{Y}C_{22}+\bar{Z}D_{22}-M_2$,

$f_3(Y,Z)=\bar{A}_{12}Y+\bar{B}_{12}Z+\bar{A}_{11}\bar{Y}+\bar{B}_{11}\bar{Z}+Y\bar{C}_{12}+Z\bar{D}_{12}+\bar{Y}\bar{C}_{11}+\bar{Z}\bar{D}_{11}-\bar{M}_1$,

$f_4(Y,Z)=\bar{A}_{22}Y+\bar{B}_{22}Z+\bar{A}_{21}\bar{Y}+\bar{B}_{21}\bar{Z}+Y\bar{C}_{22}+Z\bar{D}_{22}+\bar{Y}\bar{C}_{21}+\bar{Z}\bar{D}_{21}-\bar{M}_2$.

In the following section, we will utilizing the above result to solve the linear (split) quaternion matrix equations $AX+XB=C$ and $A\bar{X}+XB=C$, respectively.

3. Application in Linear Quaternion Matrix Equations

3.1 The solving of $AX+XB=C$

For the equation $AX+XB=C$, where $A,B,C\in H^{n\times n}$ are constant matrices, $X\in H^{n\times n}$ is the time-varying unknown matrix to be solved.

Suppose $A=A_1+A_2j$, $B=B_1+B_2j$, $C=C_1+C_2j$, $X=Y+Zj$, then we have

$$AX=(A_1+A_2j)(Y+2j)=(A_1Y-A_2\bar{Z})+(A_1Z+A_2\bar{Y})j,$$

$$XB=(Y+Zj)(B_1+B_2j)=(YB_1-Z\bar{B}_2)+(YB_2+Z\bar{B}_1)j,$$

$$AX+XB=(A_1Y+YB_1-A_2\bar{Z}-Z\bar{B}_2)+(YB_2+A_1Z+A_2\bar{Y}+Z\bar{B}_1)j=C_1+C_2j$$

from $jY=\bar{Y}j$, $jZj=-\bar{Z}$. So the following result:

$$\begin{cases}A_1Y+YB_1-A_2\bar{Z}-Z\bar{B}_2=C_1\\YB_2+A_1Z+A_2\bar{Y}+Z\bar{B}_1=C_2\end{cases}\quad(17)$$

is true.

Conjugating the above formulation, we have:

$$\begin{cases}\bar{A}_1\bar{Y}+\bar{Y}\bar{B}_1-\bar{A}_2Z-\bar{Z}B_2=\bar{C}_1\\\bar{Y}\bar{B}_2+\bar{A}_1\bar{Z}+\bar{A}_2Y+\bar{Z}B_1=\bar{C}_2\end{cases}\quad(18)$$

According to the above calculus and inference, we know that the equations (17) and (18) converge to their theoretical solutions. So we get the solution $X = Y + Zj$ of the quaternion equation $AX + XB = C$.

3. 2 The solving of $A\bar{X} + XB = C$

For the equation $A\bar{X} + XB = C$, where $A, B, C \in H^{n \times n}$ are constant matrices, $X \in H^{n \times n}$ is the time-varying unknown matrix to be solved.

Suppose $A = A_1 + A_2 j, B = B_1 + B_2 j, C = C_1 + C_2 j, X = Y + Zj$, then we have:

$$AX = (A_1 + A_2 j)(\bar{Y} - Zj) = (A_1 \bar{Y} + A_2 Z) + (A_2 Y - A_1 Z)j,$$

$$XB = (Y + Zj)(B_1 + B_2 j) = (YB_1 - Z\bar{B}_2) + (YB_2 + Z\bar{B}_1)j,$$

$$AX + XB = (A_1 \bar{Y} + YB_1 + A_2 Z - Z\bar{B}_2) + (A_2 Y - A_1 Z + YB_2 + Z\bar{B}_1)j = C_1 + C_2 j$$

from $jY = \bar{Y}j, jZj = -\bar{Z}$. So the following result:

$$\begin{cases} A_1 \bar{Y} + YB_1 + A_2 \bar{Z} - Z\bar{B}_2 = C_1 \\ A_2 Y - A_1 Z + YB_2 + Z\bar{B}_{11} = C_2 \end{cases} \quad (19)$$

is true.

Conjugating the above formulation, we have:

$$\begin{cases} \bar{A}_1 Y + \bar{Y}\bar{B}_1 + \bar{A}_2 Z - \bar{Z}B_2 = \bar{C}_1 \\ \bar{A}_2 \bar{Y} - \bar{A}_1 \bar{Z} + \bar{Y}\bar{B}_2 + \bar{Z}B_1 = \bar{C}_2 \end{cases} \quad (20)$$

According to the calculus and inference from (8), (9) to (15) and (16), we know that the equations (19) and (20) converge to their theoretical solutions. So we get the solution $X = Y + Zj$ of the quaternion equation $A\bar{X} + XB = C$.

4. Application in Linear Split Quaternion Equations

4. 1 The solving of $AX + XB = C$

For the equation $AX + XB = C$, where $A, B, C \in H_s^{n \times n}$ are constant matrices, $X \in H_s^{n \times n}$ is the time-varying unknown matrix to be solved.

Suppose $A = A_1 + A_2 j, B = B_1 + B_2 j, C = C_1 + C_2 j, X = Y + Zj$, then we have

$$AX + XB = (A_1 Y + YB_1 + A_2 \bar{Z} + Z\bar{B}_2) + (YB_2 + A_1 Z + A_2 \bar{Y} + Z\bar{B}_1)j = C_1 + C_2 j$$

from $jY = \bar{Y}j, jZj = \bar{Z}$. So the following result:

$$\begin{cases} A_1 Y + YB_1 + A_2 \bar{Z} + Z\bar{B}_2 = C_1 \\ A_1 Z + A_2 \bar{Y} + YB_2 + Z\bar{B}_1 = C_2 \end{cases} \tag{21}$$

is true.

Conjugating the above formulation, we have:

$$\begin{cases} \bar{A}_1 \bar{Y} + \bar{Y}\bar{B}_1 + \bar{A}_2 Z + \bar{Z}B_2 = \bar{C}_1 \\ \bar{A}_1 \bar{Z} + \bar{A}_2 Y + \bar{Y}\bar{B}_2 + \bar{Z}B_1 = \bar{C}_2 \end{cases} \tag{22}$$

According to the calculus and inference from (8), (9) to (15) and (16), we know that the equations (21) and (22) converge to their theoretical solutions. So we get the solution $X = Y + Zj$ of the split quaternion equation $AX + XB = C$.

4.2 The solving of $A\bar{X} + XB = C$

For the equation $A\bar{X} + XB = C$, where $A, B, C \in H_s^{n \times n}$ are constant matrices, $X \in H_s^{n \times n}$ is the time-varying unknown matrix to be solved.

Suppose $A = A_1 + A_2 j, B = B_1 + B_2 j, C = C_1 + C_2 j, X = Y + Zj$, then we have

$$AX + XB = (A_1 \bar{Y} - A_2 \bar{Z} + YB_1 + Z\bar{B}_2) + (A_2 Y - A_1 Z + YB_2 + Z\bar{B}_1)j = C_1 + C_2 j$$

from $jY = \bar{Y}j, jZj = \bar{Z}$. So the following result:

$$\begin{cases} A_1 \bar{Y} - A_2 \bar{Z} + YB_1 + Z\bar{B}_2 = C_1 \\ A_2 Y - A_1 Z + YB_2 + Z\bar{B}_{11} = C_2 \end{cases} \tag{23}$$

is true.

Conjugating the above formulation, we have:

$$\begin{cases} \bar{A}_1 Y - \bar{A}_2 Z + \bar{Y}\bar{B}_1 + \bar{Z}B_2 = \bar{C}_1 \\ \bar{A}_2 \bar{Y} - \bar{A}_1 \bar{Z} + \bar{Y}\bar{B}_2 + \bar{Z}B_1 = \bar{C}_2 \end{cases} \tag{24}$$

According to the calculus and inference from (8), (9) to (15) and (16), we know that the equations (23) and (24) converge to their theoretical solutions. So we get the solution $X = Y + Zj$ of the split quaternion equation $A\bar{X} + XB = C$.

5. Conclusion

In this paper, the problem for the complex-valued linear matrix equations, which can be guaranteed to globally exponentially converge to their theoretical solution, via Zhang gradient designing a neural networks model is presented. The technique is used to solve two special kinds of linear (split) quaternion matrix equations, respectively.

Zhang 梯度法设计迭代学习控制器

The Application of Zhang-gradient Method
for Iterative Learning Control

1. Preliminaries

Throughout this paper, $\|x\| = (\sum_{i=1}^{n} x_i)^{1/2}$ is said to be the 2-norm for the vector $x = (x_1, x_2, \cdots, x_n)^T$, while the λ-norm for the $x(t)$ function is defined as $\|x(t)\|_\lambda = \sup_{t \in [0,T]} \{e^{-\lambda t} \|x(t)\|\}$, where $\lambda > 0$.

Lemma: Consider $\sup_{t \in [0,T]} \{e^{-\lambda t} \int_0^t \|x(\tau)\| d\tau\} \leq \frac{1}{\lambda} \|x(t)\|_\lambda$.

2. Design of Iterative Learning Controller of Nonlinear Systems

In this section, we will take account of two cases about the iterative initial state vector $y_{k+1}(0) = y_k(0)$ and $y_{k+1}(0) \neq y_k(0)$, respectively, of nonlinear systems without and with time delay.

Theorem 1: Consider iterative learning control on the system:

$$\dot{y}_k(t) = f(t, y_k(t)) + u_k(t) \tag{1}$$

where $y_k(t) \in R^n$ is the k-th iterative state vector, $f(t, y_k(t))$ is the nonlinear operator $[0, T] \times R^n \rightarrow R^n$, and satisfies:

$$\|f(t, y_{k+1}(t)) - f(t, y_k(t))\| \leq l_f \|y_{k+1}(t) - y_k(t)\| \tag{2}$$

$u_k(t)$ is the k-th iterative control input, T is a constant.

When $y_{k+1}(0) = y_k(0)$, the iterative learning controller is designed as:

$$u_{k+1}(t) = u_k(t) + m\hbar(e_k(t)) \tag{3}$$

When $y_{k+1}(0) \neq y_k(0)$, the iterative learning controller is designed as:

$$u_{k+1}(t) = u_k(t) + m\hbar(e_k(t)) + \Psi_{k,h}(t)(y_{k+1}(0) - y_k(0)) \tag{4}$$

where $e_k(t) = y_d(t) - y_k(t)$ is Zhang function(i. e. , error function), $y_d(t)$ is a desired output, $\hbar(e_k(t))$ is a monotonically increasing odd function, $m < 0$ is a constant, and $\int_0^t \Psi_{k,h}(s) ds = 1$.

Besides, according to Zhang−gradient method, the formula can be used:

$$\dot{e}_k(t) = -\mu\hbar(e_k(t)), \quad \mu > 0 \tag{5}$$

If there exist a constant $\lambda > 0$ such that:

$$\left(\frac{|\mu + m|}{\mu} + \frac{l_f}{\mu} \cdot \frac{|m|}{\lambda - l_f} \right) < 1 \tag{6}$$

then the system (1) can guarantee that $\| y_d(t) - y_k(t) \|$ is bounded and $y_k(t)$ can track $y_d(t)$ on $t \in [0, T]$, i. e. $\lim\limits_{k \to +\infty} y_k(t) = y_d(t)$.

Proof: From $e_k(t) = y_d(t) - y_k(t)$, we know that $e_{k+1}(t) = e_k(t) + y_k(t) - y_{k+1}(t)$.

So $\dot{e}_{k+1}(t) = \dot{e}_k(t) + \dot{y}_k(t) - \dot{y}_{k+1}(t)$.

According to (1), (2) and (5), we have:

$$-\mu\hbar(e_{k+1}(t)) = -\mu\hbar(e_k(t)) + f(t, y_k(t)) + u_k(t) - f(t, y_{k+1}(t)) - u_{k+1}(t)$$

$$= -\mu\hbar(e_k(t)) - m\hbar(e_k(t)) + [f(t, y_k(t)) - f(t, y_{k+1}(t))]$$

$$= -(\mu + m)\hbar(e_k(t)) + [f(t, y_k(t)) - f(t, y_{k+1}(t))],$$

$$\hbar(e_{k+1}(t)) = \frac{(\mu + m)}{\mu}\hbar(e_k(t)) + \frac{1}{\mu}[f(t, y_{k+1}(t)) - f(t, y_k(t))],$$

$$\| \hbar(e_{k+1}(t)) \| \leqslant \frac{|\mu + m|}{\mu} \| \hbar(e_k(t)) \| + \frac{l_f}{\mu} \| y_{k+1}(t) - y_k(t) \|.$$

Taking $\lambda-$norm, we have:

$$\| \hbar(e_{k+1}(t)) \|_\lambda \leqslant \frac{|\mu + m|}{\mu} \| \hbar(e_k(t)) \|_\lambda + \frac{l_f}{\mu} \| y_{k+1}(t) - y_k(t) \|_\lambda. \tag{7}$$

From iterative law (3), (4) and Lemma,

$$y_{k+1}(t) - y_k(t) = \int_0^t (\dot{y}_{k+1}(\tau) - \dot{y}_k(\tau))d\tau + (y_k(0) - y_{k+1}(0))$$

$$= \int_0^t (f(t,y_{k+1}(t)) - f(t,y_{k+1}(t)))dt + \int_0^t (u_{k+1}(t) - u_k(t))dt$$
$$+ (y_k(0) - y_{k+1}(0))$$

$$= \int_0^t (f(t,y_{k+1}(\tau)) - f(t,y_k(\tau)))d\tau + \int_0^t m\hbar(e_k(\tau))d\tau$$

$$\|y_{k+1}(t) - y_k(t)\| \leq \int_0^t l_f \|y_{k+1}(\tau) - y_k(\tau)\| d\tau + \int_0^t |m| \|\hbar(e_k(\tau))\| d\tau$$

$$\|y_{k+1}(t) - y_k(t)\|_\lambda \leq \frac{l_f}{\lambda} \|y_{k+1}(t) - y_k(t)\|_\lambda + \frac{|m|}{\lambda} \|\hbar(e_k(t))\|_\lambda$$

$$\|y_{k+1}(t) - y_k(t)\|_\lambda \leq \frac{|m|}{\lambda - l_f} \|\hbar(e_k(t))\|_\lambda \tag{8}$$

where $\lambda > l_f$.

From (7) and (8),

$$\|\hbar(e_{k+1}(t))\|_\lambda \leq \frac{|\mu+m|}{\mu} \|\hbar(e_k(t))\|_\lambda + \frac{l_f}{\mu} \cdot \frac{|m|}{\lambda - l_f} \|\hbar(e_k(t))\|_\lambda$$

$$= \left(\frac{|\mu+m|}{\mu} + \frac{l_f}{\mu} \cdot \frac{|m|}{\lambda - l_f} \right) \|\hbar(e_k(t))\|_\lambda \tag{9}$$

When the condition (6) is true, $\lim\limits_{k \to +\infty} \|\hbar(e_k(t))\|_\lambda = 0$. That $\hbar(e_k(t))$ is a monotonically increasing odd function implies $\lim\limits_{k \to +\infty} \|e_k(t)\|_\lambda = 0$, i. e. $\lim\limits_{k \to +\infty} \|e_k(t)\| = 0$.

Theorem 2: Consider the following system:

$$\dot{y}_k(t) = f(t,y_k(t)) + g(t,y_k(t-\tau)) + u_k(t) \tag{10}$$

where $y_k(t) \in R^n$ is the k-th iterative state vector, $f(t,y_k(t)), g(t,y_k(t-\tau))$ are the operator $[0,T] \times R^n \to R^n$, and satisfy:

$$\|f(t,y_{k+1}(t)) - f(t,y_k(t))\| \leq l_f \|y_{k+1}(t) - y_k(t)\| \tag{11}$$

$$\|g(t,y_{k+1}(t-\tau)) - g(t,y_k(t-\tau))\| \leq l_g \|y_{k+1}(t-\tau) - y_k(t-\tau)\| \tag{12}$$

$u_k(t)$ is the k-th iterative control input, $\tau > 0$ is time delay, and T is a constant. When $y_{k+1}(0) = y_k(0)$, the iterative learning controller is designed as (4).

When $y_{k+1}(0) \neq y_k(0)$, the iterative learning controller is designed as (4). The Zhang gradient design formula can be used as (5). The other conditions are the same with Theorem 1. If there exist a constant $\lambda > 0$ and a continuous function $\varphi(t) \neq 0, t \in [0, T]$, such that:

$$\left(\frac{|\mu+m|}{\mu} + \frac{l_f}{\mu} \cdot \frac{e^{(l_f+l_g)t}|m|}{\lambda} + \frac{l_g}{\mu} \cdot \frac{e^{(l_f+l_g)(t-\tau)}|m|}{\lambda} \cdot \frac{\varphi(t-\tau)}{\varphi(t)} \right) < 1 \tag{13}$$

then the system (9) can guarantee that $\| y_d(t) - y_k(t) \|$ is bounded and $y_k(t)$ can track $y_d(t)$ on $t \in [0, T]$, i. e. $\lim_{k \to +\infty} y_k(t) = y_d(t)$.

Proof: From $e_k(t) = y_d(t) - y_k(t)$, we know that:

$$e_{k+1}(t) = e_k(t) + y_k(t) - y_{k+1}(t),$$

So $\dot{e}_{k+1}(t) = \dot{e}_k(t) + \dot{y}_k(t) - \dot{y}_{k+1}(t)$ that is:

$$-\mu\hbar(e_{k+1}(t)) = -\mu\hbar(e_k(t)) + f(t, y_k(t)) + g(t, y_k(t-\tau)) + u_k(t)$$
$$-f(t, y_{k+1}(t)) - g(t, y_{k+1}(t-\tau)) - u_{k+1}(t)$$
$$= -\mu\hbar(e_k(t)) - m\hbar(e_k(t)) + [f(t, y_k(t)) - f(t, y_{k+1}(t))]$$
$$+ [g(t, y_k(t-\tau)) - g(t, y_{k+1}(t-\tau))]$$
$$= -(\mu+m)\hbar(e_k(t)) + [f(t, y_k(t)) - f(t, y_{k+1}(t))]$$
$$+ [g(t, y_k(t-\tau)) - g(t, y_{k+1}(t-\tau))]$$

$$\hbar(e_{k+1}(t)) = \frac{(\mu+m)}{\mu}\hbar(e_k(t)) + \frac{1}{\mu}[f(t, y_{k+1}(t)) - f(t, y_k(t))]$$
$$+ \frac{1}{\mu}[g(t, y_{k+1}(t-\tau)) - g(t, y_k(t-\tau))]$$

$$\|\hbar(e_{k+1}(t))\| \leq \frac{|\mu+m|}{\mu}\|\hbar(e_k(t))\| + \frac{l_f}{\mu}\|y_{k+1}(t) - y_k(t)\|$$
$$+ \frac{l_g}{\mu}\|y_{k+1}(t-\tau) - y_k(t-\tau)\|$$

Taking λ-norm, we have:

$$\|\hbar(e_{k+1}(t))\|_\lambda \leq \frac{|\mu+m|}{\mu}\|\hbar(e_k(t))\|_\lambda + \frac{l_f}{\mu}\|y_{k+1}(t) - y_k(t)\|_\lambda$$
$$+ \frac{l_g}{\mu}\|y_{k+1}(t-\tau) - y_k(t-\tau)\|_\lambda \tag{14}$$

$$y_{k+1}(t) - y_k(t) = \int_0^t (\dot{y}_{k+1}(\tau) - \dot{y}_k(\tau)) d\tau + (y_k(0) - y_{k+1}(0))$$

$$= \int_0^t (\dot{y}_{k+1}(\tau) - \dot{y}_k(\tau)) d\tau = \int_0^t (f(t, y_{k+1}(\tau))$$

$$- f(t, y_k(\tau))) d\tau + \int_0^t (u_{k+1}(\tau) - u_k(\tau)) d\tau$$

$$+ \int_0^t (g(s, y_{k+1}(s - \tau)) - g(s, y_k(s - \tau))) ds$$

$$= \int_0^t (f(t, y_{k+1}(\tau)) - f(t, y_k(\tau))) d\tau + \int_0^t m\hbar(e_k(\tau)) d\tau$$

$$+ \int_0^t (g(s, y_{k+1}(s - \tau)) - g(s, y_k(s - \tau))) ds$$

$$\| y_{k+1}(t) - y_k(t) \| \leq \int_0^t \| f(s, y_{k+1}(s)) - f(s, y_k(s)) \| ds + \int_0^t | m | \| \hbar(e_k(s)) \| ds$$

$$+ \int_0^t \| g(s, y_{k+1}(s - \tau)) - g(s, y_k(s - \tau)) \| ds$$

$$\leq l_f \int_0^t \| y_{k+1}(s) - y_k(s) \| ds + \int_0^t | m | \| \hbar(e_k(s)) \| ds$$

$$+ l_g \int_0^t \| y_{k+1}(s - \tau) - y_k(s - \tau) \| ds.$$

Utilizing the retarded Gronwall–like inequality and Lemma, we obtain:

$$\| y_{k+1}(t) - y_k(t) \| \leq e^{(l_f + l_g)t} \int_0^t | m | \| \hbar(e_k(s)) \| ds$$

$$\| y_{k+1}(t) - y_k(t) \|_\lambda \leq \frac{e^{(l_f + l_g)t} | m |}{\lambda} \| \hbar(e_k(t)) \|_\lambda \qquad (15)$$

$$\| y_{k+1}(t-\tau) - y_k(t-\tau) \|_\lambda \leq \frac{e^{(l_f + l_g)(t-\tau)} | m |}{\lambda} \| \hbar(e_k(t-\tau)) \|_\lambda \qquad (16)$$

From (14) ~ (16), we obtain:

$$\| \hbar(e_{k+1}(t)) \|_\lambda \leq \left(\frac{| \mu + m |}{\mu} + \frac{l_f}{\mu} \cdot \frac{e^{(l_f + l_g)t} | m |}{\lambda} \right) \| \hbar(e_k(t)) \|_\lambda$$

$$+\left(\frac{l_g}{\mu}\cdot\frac{e^{(l_f+l_g)(t-\tau)}\,|m|}{\lambda}\right)\|\hbar(e_k(t-\tau))\|_\lambda \qquad (17)$$

It is easy to know that the solution of the equation:

$$x_{k+1}(t)=\alpha x_k(t)+\beta x_k(t-\tau)$$

is

$$x_k(t)=c\varphi(t)\left(\alpha+\beta\,\frac{\varphi(t-\tau)}{\varphi(t)}\right)^k \qquad (18)$$

where α,β are given constants, c is an arbitrary constant, $\varphi(t)$ is an arbitrary function and satisfies that $\dfrac{\varphi(t-\tau)}{\varphi(t)}$ is a constant.

From (18) and the condition (13), $\lim\limits_{k\to+\infty}\|\hbar(e_k(t))\|_\lambda=0$. That $\hbar(e_k(t))$ is a monotonically increasing odd function implies $\lim\limits_{k\to+\infty}\|e_k(t)\|_\lambda=0$, i.e. $\lim\limits_{k\to+\infty}\|e_k(t)\|=0$.

3. Example

For further illustration, we consider the following system:

$$\dot{y}_k(t)=Ay_k(t)-Bf(y_k(t-\tau))+u_k(t)$$

$$u_{k+1}(t)=u_k(t)+me_k(t)-\Psi_{k,h}(t)(y_k(0)-y_{k+1}(0))$$

where $A=\begin{pmatrix}0.6\cos t & 0.02\\ 0.1 & 0.8\sin t\end{pmatrix}$, $B=\begin{pmatrix}0.5 & 0\\ 0 & 0.5\end{pmatrix}$, $y_k(t)=\begin{pmatrix}y_{1,k}(t)\\ y_{2,k}(t)\end{pmatrix}$, $f(y_k(t-$

$\tau))=\begin{pmatrix}|y_{1,k}(t-1)+1|-|y_{1,k}(t-1)-1|\\ |y_{2,k}(t-1)+1|-|y_{2,k}(t-1)-1|\end{pmatrix}$. Taking $m=-1.5,\mu=2,l_f=1.43,l_g=2,$

$\varphi(t)=0.2e^{1.2t}$, $\Psi_{k,h}(t)=\begin{cases}\pi\cos(\pi t),t\in[0,1],\\ 0,t\in(1,2].\end{cases}$ From the above example, it can

be easily proved that the condition (12) of Theorem 2 is satisfied.

4. Conclusion

In this paper, considering the iterative learning control problem for nonlinear systems without and with time delays, and combining with Zhang-gradient method, the novel controllers, which can guarantee the robust convergence of the tracking error, are designed.

混沌容错同步

Chaotic Tolerant Synchronization Analysis with Propagation Delay and Actuator Faults

In this paper, $R, R^n, R^{n \times m}$ denote, respectively, the real number, the real n-vectors and the real $n \times m$ matrices. The superscript "T" stand for the transpose of a matrix. The notation $X > Y (X \geq Y)$, where X and Y are symmetric matrices, means that $X - Y$ is positive definite (positive semi-definite). I is the identity matrix of appropriate dimensions. "$*$" denotes the matrix entries implied by symmetry.

1. Preliminaries and Systems Description

Consider a chaotic master system with the actuator faults item $f(t)$ in the following form:

$$\dot{x}(t) = Ax(t) + g(x(t)) + h(x(t-\theta)) + Ef(t)$$
$$y(t) = Cx(t) + Df(t) \tag{1}$$

where $x(t) \in R^n$ is the measurable state vector. $y(t) \in R^p$ is the output vector, A, C, D, E are proper dimension constant matrices. $g(x(t)), h(x(t-\theta))$ are known continuous nonlinear functions. $\theta > 0$ is the delay.

Assumption: There exist the matrices $U_1, U_2, M_1, M_2, W_1, W_2, V_1, V_2 \in R^{n \times n}$, and the nonlinear functions $g(\cdot), h(\cdot)$ satisfy:

$$(U_1(g(x) - g(y)) - U_2(x-y))^T (M_1(g(x) - g(y)) - M_2(x-y)) \leq 0 \tag{2}$$

$$(W_1(h(x) - h(y)) - W_2(x-y))^T (V_1(h(x) - h(y)) - V_2(x-y)) \leq 0 \tag{3}$$

for all $x, y \in R^n$.

The slave system linked with the chaotic master system (1) is described by

$$\dot{\hat{x}}(t) = A\hat{x}(t) + g(\hat{x}(t)) + h(\hat{x}(t-\theta)) + E\hat{f} - L(\hat{y}(t-\tau) - y(t-\tau))$$

$$\hat{y}(t) = \hat{C}x(t) + D\hat{f}(t) \tag{4}$$

where $\hat{x}(t) \in R^n$ is the measurable state vector, $\tau > 0$ is a constant propagation delay.

Let $e(t) = \hat{x}(t) - x(t)$, $\tilde{f}(t) = \hat{f}(t) - f(t)$, $\varphi(t) = \hat{y}(t) - y(t) = Ce(t) + D\tilde{f}(t)$, then $\dot{e}(t) = Ae(t) + g(\hat{x}(t)) - g(x(t)) + h(\hat{x}(t-\theta)) - h(x(t-\theta)) + E\tilde{f}(t) - LCe(t-\tau)$

$$-LD\tilde{f}(t-\tau), \varphi(t) = Ce(t) + D\tilde{f}(t), \tag{5}$$

Lemma 1: For any constant matrix $W \in R^{n \times n}$, $W > 0$, scalar $0 < h(t) < h$, and vector function $w(t):[0,h] \to R^n$ such that the integration concerned are well defined; then

$$\left(\int_0^{h(t)} w(s)ds \right)^T W \left(\int_0^{h(t)} w(s)ds \right) \leqslant h(t) \int_0^{h(t)} w^T(s)Ww(s)ds.$$

Lemma 2: Let $Q > 0, H, F(t)$ and E be real matrices of appropriate dimensions, with $F(t)$ satisfying $F^T(t)F(t) \leqslant I$. Then the following inequalities are equivalent:

(1) $Q + HF(t)E + E^T F^T(t)H^T < 0$;

(2) There exists a scalar $\varepsilon > 0$ such that $Q + \varepsilon^{-1}HH^T + \varepsilon E^T E < 0$.

Lemma 3: Let A, L, E and $F(t)$ be real matrices of appropriate dimensions, with $F(t)$ satisfying $F^T(t)F(t) \leqslant I$. Then one has the following:

(1) For anyscalar $\varepsilon > 0$,

$$LFE + E^T F^T L^T < \varepsilon^{-1}LL^T + \varepsilon E^T E;$$

(2) For any matrix $P > 0$ and scalar $\varepsilon > 0$ such that $\varepsilon I - EFE^T > 0$,

$$(A + LFE)^T P(A + LFE) \leqslant A^T PA + A^T PE(\varepsilon I - E^T PE)^{-1}E^T PA + \varepsilon L^T L.$$

2. Fault Tolerant Synchronization Analysis

2.1 Fault tolerant synchronization analysis when $f(t)$ and $\hat{f}(t)$ are derivable on t.

Let $\dot{\tilde{f}}(t) = -G\varepsilon(t) = -GCe(t) - GD\tilde{f}(t)$, we have

$$\dot{e}(t) = Ae(t) + g(\hat{x}(t)) - g(x(t)) + h(\hat{x}(t-\theta)) - h(x(t-\theta)) + E\tilde{f}(t)$$

$$- LCe(t) + LCe(t) - LCe(t-\tau)$$

$$- LD\tilde{f}(t) + LD\tilde{f}(t) - LD\tilde{f}(t-\tau)$$

$$= (A - LC)e(t) + g(\hat{x}(t)) - g(x(t)) + h(\hat{x}(t - \theta)) - h(x(t - \theta))$$

$$+ (E - LD)\hat{f}(t) + LC\int_{t-\tau}^{t} \dot{e}(s)\,ds + LD\int_{t-\tau}^{t} \dot{\tilde{f}}(s)\,ds.$$

Suppose $\eta(t) = \begin{pmatrix} e(t) \\ \tilde{f}(t) \end{pmatrix}$, then:

$$\dot{e}(t) = (A-LC,\ E-LD)\begin{pmatrix} e(t) \\ \tilde{f}(t) \end{pmatrix} + g(\hat{x}(t)) - g(x(t))$$

$$+ h(\hat{x}(t-\theta)) - h(x(t-\theta)) + (LC, LD)\begin{pmatrix} \displaystyle\int_{t-\tau}^{t} \dot{e}(s)\,ds \\ \displaystyle\int_{t-\tau}^{t} \dot{\tilde{f}}(s)\,ds \end{pmatrix}$$

$$= (A-LC, E-LD)\eta(t) + g(\hat{x}(t)) - g(x(t)) + (LC, LD)\int_{t-\tau}^{t} \dot{\eta}(s)\,ds$$

$$\dot{\tilde{f}}(t) = (-GC, -GD)\begin{pmatrix} e(t) \\ \tilde{f}(t) \end{pmatrix} = (-GC, -GD)\eta(t)$$

$$\dot{\eta}(t) = \begin{pmatrix} A-LC & E-LD \\ -GC & -GD \end{pmatrix}\eta(t) + \begin{pmatrix} g(\hat{x}(t)) - g(x(t)) \\ 0 \end{pmatrix}$$

$$+ \begin{pmatrix} h(\hat{x}(t-\theta)) - h(x(t-\theta)) \\ 0 \end{pmatrix} + \begin{pmatrix} LC & LD \\ 0 & 0 \end{pmatrix}\int_{t-\tau}^{t} \dot{\eta}(s)\,ds$$

$$\dot{\eta}(t) = B\eta(t) + \begin{pmatrix} p(t) \\ 0 \end{pmatrix} + \begin{pmatrix} q(t) \\ 0 \end{pmatrix} + R\int_{t-\tau}^{t} \dot{\eta}(s)\,ds \tag{6}$$

where $B = \begin{pmatrix} A-LC & E-LD \\ -GC & -GD \end{pmatrix}$, $p(t) = g(\hat{x}(t)) - g(x(t))$, $q(t)$

$$= h(\hat{x}(t-\theta)) - h(x(t-\theta)),\ R = \begin{pmatrix} LC & LD \\ 0 & 0 \end{pmatrix}.$$

From the assumption, we have:

$$(g(x)-g(y))^{T}U_{1}^{T}U_{2}(g(x)-g(y)) - (g(x)-g(y))^{T}U_{1}^{T}M_{2}(x-y)$$

$$-(x-y)^{T}U_{2}^{T}M_{1}(g(x)-g(y)) + (x-y)^{T}U_{2}^{T}M_{2}(x-y) \leqslant 0$$

So we can get from assumption that:

$$(p(t))^T U_1^T M_1 p(t) - (p(t))^T U_1^T M_2 e(t) - (e(t))^T U_2^T M_1 p(t) + (e(t))^T U_2^T M_2 e(t) \leqslant 0$$

$$(e^T(t) \tilde{f}^T(t)) \begin{pmatrix} -U_2^T M_2 & 0 \\ 0 & 0 \end{pmatrix} \begin{pmatrix} e(t) \\ \tilde{f}(t) \end{pmatrix} + (e^T(t) \quad \tilde{f}^T(t)) \begin{pmatrix} U_2^T M_1 & R_1 \\ 0 & R_2 \end{pmatrix} \begin{pmatrix} p(t) \\ 0 \end{pmatrix}$$

$$+ (p^T(t) \quad 0) \begin{pmatrix} U_1^T M_2 & 0 \\ R_3 & R_4 \end{pmatrix} \begin{pmatrix} e(t) \\ \tilde{f}(t) \end{pmatrix} + (p^T(t) \quad 0) \begin{pmatrix} -U_1^T M_1 & R_5 \\ R_6 & R_7 \end{pmatrix} \begin{pmatrix} p(t) \\ 0 \end{pmatrix} \geqslant 0$$

in which the proper dimension matrices $R_i \in R^{n \times n}$, $i = 1, 2, \cdots, 7$, are arbitrary.
That is:

$$\eta^T(t) \begin{pmatrix} -U_2^T M_2 & 0 \\ 0 & 0 \end{pmatrix} \eta(t) + \eta^T(t) \begin{pmatrix} U_2^T M_1 & R_1 \\ 0 & R_2 \end{pmatrix} \begin{pmatrix} p(t) \\ 0 \end{pmatrix}$$

$$+ \begin{pmatrix} p(t) \\ 0 \end{pmatrix}^T \begin{pmatrix} U_1^T M_2 & 0 \\ R_3 & R_4 \end{pmatrix} \eta(t) + \begin{pmatrix} p(t) \\ 0 \end{pmatrix}^T \begin{pmatrix} -U_1^T M_1 & R_5 \\ R_6 & R_7 \end{pmatrix} \begin{pmatrix} p(t) \\ 0 \end{pmatrix} \geqslant 0,$$

$$\eta^T(t) \left(\frac{1}{2} (S_1 + S_1^T) \right) \eta(t) + \eta^T(t) \left(\frac{1}{2} (S_2 + S_3^T) \right) \begin{pmatrix} p(t) \\ 0 \end{pmatrix}$$

$$+ \begin{pmatrix} p(t) \\ 0 \end{pmatrix}^T \left(\frac{1}{2} (S_3 + S_2^T) \right) \eta(t) + \begin{pmatrix} p(t) \\ 0 \end{pmatrix}^T \left(\frac{1}{2} (S_4 + S_4^T) \right) \begin{pmatrix} p(t) \\ 0 \end{pmatrix} \geqslant 0,$$

where $S_1 = \begin{pmatrix} -\varepsilon U_2^T M_2 & 0 \\ 0 & 0 \end{pmatrix}$, $S_2 = \begin{pmatrix} -\varepsilon U_2^T M_1 & \varepsilon R_1 \\ 0 & \varepsilon R_2 \end{pmatrix}$, $S_3 = \begin{pmatrix} \varepsilon U_1^T M_2 & 0 \\ \varepsilon R_3 & \varepsilon R_4 \end{pmatrix}$, $S_4 =$

$\begin{pmatrix} -\varepsilon U_1^T M_1 & \varepsilon R_5 \\ \varepsilon R_6 & \varepsilon R_7 \end{pmatrix}$, $\varepsilon > 0$ is an any constant.

$$\eta^T(t) (S_1 + S_1^T) \eta(t) + \eta^T(t) (S_2 + S_3^T) \begin{pmatrix} p(t) \\ 0 \end{pmatrix} + \begin{pmatrix} p(t) \\ 0 \end{pmatrix}^T (S_3 + S_2^T) \eta(t) + \begin{pmatrix} p(t) \\ 0 \end{pmatrix}^T$$

$$(S_4 + S_4^T) \begin{pmatrix} p(t) \\ 0 \end{pmatrix} \geqslant 0$$

$$\xi^T(t) \Lambda_1 \xi(t) \geqslant 0 \tag{7}$$

where $\xi(t) = \left(\eta^T(t) \quad \dot{\eta}^T(t) \quad (p^T(t) \ 0) \quad (q^T(t) \ 0) \quad \int_{t-\tau}^t \dot{\eta}^T(s) ds \quad \int_{t-\theta}^t \dot{\eta}^T(s) ds \right)^T$,

$$\Lambda_1 = \begin{pmatrix} S_1+S_1^T & 0 & 0 & S_2+S_3^T & 0 & 0 \\ * & 0 & 0 & 0 & 0 & 0 \\ * & * & S_4+S_4^T & 0 & 0 & 0 \\ * & * & * & 0 & 0 & 0 \\ * & * & * & * & 0 & 0 \\ * & * & * & * & * & 0 \end{pmatrix}.$$

Imitating the above inference, we obtain for the inequality (3):

$$\xi^T(t)\Lambda_2\xi(t) \geqslant 0, \tag{8}$$

where $\Lambda_2 = \delta \begin{pmatrix} Y_1^T\Delta Y_1 & 0 & 0 & Y_1^T\Delta Y_3 & 0 & Y_1^T\Delta Y_2 \\ * & 0 & 0 & 0 & 0 & 0 \\ * & * & 0 & 0 & 0 & 0 \\ * & * & * & Y_3^T\Delta Y_3 & 0 & Y_3^T\Delta Y_2 \\ * & * & * & * & 0 & 0 \\ * & * & * & * & * & Y_2^T\Delta Y_2 \end{pmatrix}$, $\delta > 0$,

$Y_1 = \begin{pmatrix} I & 0 \\ 0 & 0 \end{pmatrix}$, $Y_2 = \begin{pmatrix} -I & 0 \\ 0 & 0 \end{pmatrix}$, $Y_3 = \begin{pmatrix} 0 & 0 \\ I & R_8 \end{pmatrix}$, $\Delta = \begin{pmatrix} -W_2^TV_2-V_2^TW_2 & W_2^TV_1+V_2^TW_1 \\ * & -W_1^TV_1-V_1^TW_1 \end{pmatrix}$.

We choose Lyapunov function:

$$V(t) = \eta^T(t)P\eta(t) + \int_{-\tau}^{0}\int_{t+r}^{t}\dot{\eta}^T(s)Q\dot{\eta}(s)\,ds\,dr + \int_{-\theta}^{0}\int_{t+r}^{t}\dot{\eta}^T(s)\Theta\dot{\eta}(s)\,ds\,dr \tag{9}$$

Differentiating $V(t)$ with respect to t, yields:

$$\dot{V}(t) = 2\eta^T(t)P\dot{\eta}(t) + \tau\dot{\eta}^T(t)Q\dot{\eta}(t) - \int_{t-\tau}^{t}\dot{\eta}^T(s)Q\dot{\eta}(s)\,ds$$

$$= 2\eta^T(t)PB\eta(t) + 2\eta^T(t)P\begin{pmatrix} p(t) \\ 0 \end{pmatrix} + 2\eta^T(t)PR\int_{t-\tau}^{t}\dot{\eta}(s)\,ds$$

$$+ \tau\dot{\eta}^T(t)Q\dot{\eta}(t) - \int_{t-\tau}^{t}\dot{\eta}^T(s)Q\dot{\eta}(s)\,ds$$

$$+ \theta\dot{\eta}^T(t)\Theta\dot{\eta}(t) - \int_{t-\theta}^{t}\dot{\eta}^T(s)\Theta\dot{\eta}(s)\,ds \tag{10}$$

From Lemma 1, we have:

$$\dot{V}(t) \leqslant \eta^T(t)(PB + B^T P)\eta(t) + 2\eta^T(t)P\begin{pmatrix} p(t) \\ 0 \end{pmatrix} + 2\eta^T(t)P\begin{pmatrix} q(t) \\ 0 \end{pmatrix}$$

$$+ 2\eta^T(t)PR\int_{t-\tau}^{t}\dot{\eta}(s)ds + \tau\dot{\eta}^T(t)Q\dot{\eta}(t) - \frac{1}{\tau}(\int_{t-\tau}^{t}\dot{\eta}(s)ds)^T Q(\int_{t-\tau}^{t}\dot{\eta}(s)ds)$$

$$+ \theta\dot{\eta}^T(t)\Theta\dot{\eta}(t) - \frac{1}{\theta}(\int_{t-\tau}^{t}\dot{\eta}(s)ds)^T\Theta(\int_{t-\tau}^{t}\dot{\eta}(s)ds)$$

$$= \xi^T(t)\Pi\xi(t) \geqslant 0 \tag{11}$$

$$\text{where } \Pi = \begin{pmatrix} PB+B^TP & 0 & P & P & PR & 0 \\ * & \tau Q & 0 & 0 & 0 & 0 \\ * & * & 0 & 0 & 0 & 0 \\ * & * & * & 0 & 0 & 0 \\ * & * & * & * & -\frac{1}{\tau}Q & 0 \\ * & * & * & * & * & -\frac{1}{\theta}\Theta \end{pmatrix}.$$

From model (6), we have:

$$0 = 2(Q_1\eta(t) + Q_2\dot{\eta}(t))^T(-\dot{\eta}(t) + B\eta(t) + \begin{pmatrix} p(t) \\ 0 \end{pmatrix} + R\int_{t-\tau}^{t}\dot{\eta}(s)ds)$$

$$= \xi^T(t)\Xi\xi(t) \tag{12}$$

$$\text{where } \Xi = \begin{pmatrix} Q_1^T B+B^T Q_1 & -Q_1^T+B^T Q_2^T & Q_1^T & Q_1^T & Q_1^T R & 0 \\ * & -Q_2^T-Q_2 & Q_2^T & Q_2^T & Q_2^T R & 0 \\ * & * & 0 & 0 & 0 & 0 \\ * & * & * & 0 & 0 & 0 \\ * & * & * & * & 0 & 0 \\ * & * & * & * & * & 0 \end{pmatrix}.$$

From formulas (7), (8) and (11), we get:

$$\dot{V}(t) \leqslant \xi^T(t)(\Lambda_1+\Lambda_2+\Pi+\Xi)\xi(t) = \xi^T(t)\Omega\xi(t) \tag{13}$$

where $\Omega = \Lambda + \Pi + \Xi$.

Based on the above derivation, we have the following result:

Theorem 1: The fault tolerant synchronization (1) and (4) is achieved if there exist constants $\tau>0, \theta>0, \delta>0, \varepsilon>0$, the positive definite matrices $P = P^T > 0$, $Q = Q^T > 0$, $\Theta > 0$, and the matrices $Q_j, M_j, U_j, j = 1, 2$, $L, C, D, R_i, i = 1, 2, \cdots, 8$, such that the matrix $\Omega < 0$.

Remark: The conservation of stability of the error systems is decreased since the matrices $R_i, i = 1, 2, \cdots, 8$.

Corollary 1: When $D = 0$ in system (1), the similar result with Theorem 1 can be obtained.

When $h(x(t-\theta)) = 0$, the inequality (7) is transformed to:

$$\sigma^T(t)\Lambda\sigma(t) \geqslant 0 \tag{14}$$

where $\sigma(t) = \left(\eta^T(t) \quad \dot{\eta}(t) \quad \begin{pmatrix} p(t) \\ 0 \end{pmatrix}^T \quad \left(\int_{t-\tau}^t \dot{\eta}(s)ds\right)^T\right)$, $\Lambda = \begin{pmatrix} S_1 + S_1^T & 0 & S_2 + S_3^T & 0 \\ * & 0 & 0 & 0 \\ * & * & S_4 + S_4^T & 0 \\ * & * & * & 0 \end{pmatrix}$,

$S_1 = \begin{pmatrix} -\varepsilon U_2^T M_2 & 0 \\ 0 & 0 \end{pmatrix}$, $S_2 = \begin{pmatrix} \varepsilon U_2^T M_1 & \varepsilon R_1 \\ 0 & \varepsilon R_2 \end{pmatrix}$, $S_3 = \begin{pmatrix} \varepsilon U_1^T M_2 & 0 \\ \varepsilon R_3 & \varepsilon R_4 \end{pmatrix}$, $S_4 = \begin{pmatrix} -\varepsilon U_1^T M_1 & \varepsilon R_5 \\ \varepsilon R_6 & \varepsilon R_7 \end{pmatrix}$, $\varepsilon > 0$

is an any constant. The proper dimension matrices $R_i \in R^{n \times n}$, $i = 1, 2, \cdots, 7$, are arbitrary.

We choose Lyapunov function:

$$V(t) = \eta^T(t)P\eta(t) + \int_{-\tau}^0 \int_{t+\theta}^t \dot{\eta}^T(s)Q\dot{\eta}(s)dsd\theta \tag{15}$$

and differentiating $V(t)$ with respect to t and using Lemma 1, yields:

$$\dot{V}(t) \leqslant \sigma^T(t)\Pi\sigma(t) \tag{16}$$

where $\Pi = \begin{pmatrix} PB + B^T P & 0 & P & PR \\ * & \tau Q & 0 & 0 \\ * & * & 0 & 0 \\ * & * & * & -\dfrac{1}{\tau}Q \end{pmatrix}$.

From model (6), we have:

$$0=2(Q_1\eta(t)+Q_2\dot{\eta}(t))^T(-\dot{\eta}(t)+B\eta(t)+\begin{pmatrix}p(t)\\0\end{pmatrix}+R\int_{t-\tau}^t\dot{\eta}(s)\,ds)=\sigma^T(t)\Xi\sigma(t)$$

$$(17)$$

$$\text{where } \Xi=\begin{pmatrix}Q_1^TB+B^TQ_1 & -Q_1^T+B^TQ_2^T & Q_1^T & Q_1^TR\\ * & -Q_2^T-Q_2 & Q_2^T & Q_2^TR\\ * & * & 0 & 0\\ * & * & * & 0\end{pmatrix}.$$

Based on the above derivation, we have the following result:

Corollary 2: The fault tolerant synchronization (1) and (3) is achieved if there exist constants $\tau,\varepsilon>0$, the positive definite matrices $P=P^T>0$, $Q=Q^T>0$, and the matrices Q_j,M_j,U_j, $j=1,2$, Q_j,M_j,U_j, $j=1,2$, L,C,D,R_i, $i=1,2,\cdots,7$, such that the matrix $\Omega<0$.

2.2 Fault tolerant synchronization analysis when $f(t)$ and $\hat{f}(t)$ are derivable on $x(t)$.

Let $\dfrac{df(t)}{dx(t)}=\hbar(x(t))=H\cdot F(x(t))\cdot N$, $\dfrac{d\hat{f}(t)}{dx(t)}=\hbar(\hat{x}(t))=H\cdot F(\hat{x}(t))\cdot$

N,H,N are proper dimension matrices, with satisfying $F^T(x(t))F(x(t))\leqslant I$, where H,N are proper dimension matrices, I is identity matrix, then:

$$\begin{aligned}\dot{e}(t)&=Ae(t)+g(\hat{x}(t))-g(x(t))+h(\hat{x}(t-\theta))-h(x(t-\theta))+E\tilde{f}(t)\\&\quad-LCe(t)+LCe(t)-LCe(t-\tau)\\&\quad-LD\tilde{f}(t)+LD\tilde{f}(t)-LD\tilde{f}(t-\tau)\\&=(A-LC)e(t)+g(\hat{x}(t))-g(x(t))+(E-LD)\tilde{f}(t)\\&\quad+LC\int_{t-\tau}^t\dot{e}(s)\,ds+LD\int_{t-\tau}^t\dot{\tilde{f}}(s)\,ds.\end{aligned}$$

$$(18)$$

Suppose $\eta(t)=\begin{pmatrix}e(t)\\\tilde{f}(t)\end{pmatrix}$, we have:

$$\dot{e}(t)=(A-LC,E-LD)\begin{pmatrix}e(t)\\\tilde{f}(t)\end{pmatrix}+g(\hat{x}(t))-g(x(t))$$

$$+h(\hat{x}(t-\theta))-h(x(t-\theta))+(LC,LD)\begin{pmatrix}\int_{t-\tau}^{t}\dot{e}(s)\,ds\\\int_{t-\tau}^{t}\dot{\tilde{f}}(s)\,ds\end{pmatrix}$$

$$= (A - LC, E - LD)\eta(t) + g(\hat{x}(t)) - g(x(t))$$

$$+ h(\hat{x}(t-\theta)) - h(x(t-\theta)) + (LC,LD)\int_{t-\tau}^{t}\dot{\eta}(s)\,ds \quad (19)$$

According to $\dfrac{df(t)}{dx(t)}= \hbar(x(t)) = H \cdot F(x(t)) \cdot N$, $\dfrac{d\hat{f}(t)}{dx(t)}= \hbar(\hat{x}(t)) = H \cdot F(\hat{x}(t)) \cdot N$, we get

$$\tilde{f}(t)= \int_{0}^{1}\hbar((1-\lambda)x(t) + \lambda\hat{x}(t))e(t)d\lambda = \int_{0}^{1}H \cdot F((1-\lambda)x(t) + \lambda\hat{x}(t)) \cdot N \cdot e(t)d\lambda,$$

$$- \delta\tilde{f}(t) + \delta\int_{0}^{1}H \cdot F((1-\lambda)x(t) + \lambda\hat{x}(t)) \cdot N \cdot e(t)d\lambda = 0.$$

$$(\delta\int_{0}^{1}H \cdot F((1-\lambda)x(t) + \lambda\hat{x}(t)) \cdot Nd\lambda, - \delta I)\eta(t) = 0, \text{ where } \delta>0.$$

$$\begin{pmatrix}I & 0\\0 & 0\end{pmatrix}\dot{\eta}(t)= \begin{pmatrix}A - LC & E - LD\\\delta\int_{0}^{1}H \cdot F((1-\lambda)x(t) + \lambda\hat{x}(t)) \cdot Nd\lambda & - \delta I\end{pmatrix}\eta(t)$$

$$+ \begin{pmatrix}g(\hat{x}(t)) - g(x(t))\\0\end{pmatrix} + \begin{pmatrix}LC & LD\\0 & 0\end{pmatrix}\int_{t-\tau}^{t}\dot{\eta}(s)\,ds$$

$$E_{1}\dot{\eta}(t) = B\eta(t) + \begin{pmatrix}p(t)\\0\end{pmatrix} + \begin{pmatrix}q(t)\\0\end{pmatrix} + R\int_{t-\tau}^{t}\dot{\eta}(s)\,ds$$

Where $E_{1} = \begin{pmatrix}I & 0\\0 & 0\end{pmatrix}$, $B = \begin{pmatrix}A - LC & E - LD\\\delta\int_{0}^{1}H \cdot F((1-\lambda)x(t) + \lambda\hat{x}(t)) \cdot Nd\lambda & - \delta I\end{pmatrix}$,

$$p(t) = g(\hat{x}(t)) - g(x(t)), R = \begin{pmatrix}LC & LD\\0 & 0\end{pmatrix}.$$

From the assumption, we have:

$$\zeta^T(t)\Lambda_1\zeta(t) \geqslant 0, \tag{20}$$

where $\zeta(t) = \left(\eta^T(t) \quad \dot{e}^T(t) \quad (p^T(t) \ 0) \quad (q^T(t) \ 0) \quad \int_{t-\tau}^{t}\dot{\eta}^T(s)ds \quad \int_{t-\theta}^{t}\dot{e}^T(s)ds\right)^T$,

$$\Lambda_1 = \begin{pmatrix} S_1+S_1^T & 0 & 0 & S_2+S_3^T & 0 & 0 \\ * & 0 & 0 & 0 & 0 & 0 \\ * & * & S_4+S_4^T & 0 & 0 & 0 \\ * & * & * & 0 & 0 & 0 \\ * & * & * & * & 0 & 0 \\ * & * & * & * & * & 0 \end{pmatrix}, \quad S_1 = \begin{pmatrix} -\varepsilon U_2^T M_2 & 0 \\ 0 & 0 \end{pmatrix}, \quad S_2 = $$

$\begin{pmatrix} \varepsilon U_2^T M_1 & \varepsilon R_1 \\ 0 & \varepsilon R_2 \end{pmatrix}$, $S_3 = \begin{pmatrix} \varepsilon U_1^T M_2 & 0 \\ \varepsilon R_3 & \varepsilon R_4 \end{pmatrix}$, $S_4 = \begin{pmatrix} -\varepsilon U_1^T M_1 & \varepsilon R_5 \\ \varepsilon R_6 & \varepsilon R_7 \end{pmatrix}$, $\varepsilon > 0$ is an any con-

stant. The proper dimension matrices $R_i \in R^{n\times n}$, $i = 1, 2, \cdots, 7$, are arbitrary.

$$\zeta^T(t)\Lambda_2\zeta(t) \geqslant 0 \tag{21}$$

where $\Lambda_2 = \delta \begin{pmatrix} Y_1^T\Delta Y_1 & 0 & 0 & Y_1^T\Delta Y_3 & 0 & Y_1^T\Delta Y_2 \\ * & 0 & 0 & 0 & 0 & 0 \\ * & * & 0 & 0 & 0 & 0 \\ * & * & * & Y_3^T\Delta Y_3 & 0 & Y_3^T\Delta Y_2 \\ * & * & * & * & 0 & 0 \\ * & * & * & * & * & -W_2^T V_2 - V_2^T W_2 \end{pmatrix}$, $\delta > 0$,

$Y_1 = \begin{pmatrix} I & 0 \\ 0 & 0 \end{pmatrix}$, $Y_2 = \begin{pmatrix} -I & 0 \\ 0 & 0 \end{pmatrix}$, $Y_3 = \begin{pmatrix} 0 & 0 \\ I & R_8 \end{pmatrix}$, $\Delta = \begin{pmatrix} -W_2^T V_2 - V_2^T W_2 & W_2^T V_1 + V_2^T W_1 \\ * & -W_1^T V_1 - V_1^T W_1 \end{pmatrix}$.

We choose Lyapunov function:

$$V(t) = e^T(t)P_1 e(t) + \int_{-\tau}^{0}\int_{t+r}^{t}\dot{e}^T(s)Q\dot{e}(s)dsdr + \int_{-\theta}^{0}\int_{t+r}^{t}\dot{e}^T(s)\Theta\dot{e}(s)dsdr$$

$$= \eta^T(t)PE_1\eta(t) + \int_{-\tau}^{0}\int_{t+\theta}^{t}\dot{e}^T(s)Q\dot{e}(s)dsd\theta + \int_{-\theta}^{0}\int_{t+r}^{t}\dot{e}^T(s)\Theta\dot{e}(s)dsdr \tag{22}$$

where $P = \begin{pmatrix} P_1 & P_2 \\ 0 & P_3 \end{pmatrix}$, and it is easy to know that $PE_1 = E_1^T P^T$.

The derivation of $V(t)$ on t is:

$$\dot{V}(t) = 2\eta^T(t) PE_1 \dot{\eta}(t) + \tau \dot{e}^T(t) Q \dot{e}(t) - \int_{t-\tau}^{t} \dot{e}^T(s) Q \dot{e}(s) ds$$

$$+ \theta \dot{e}^T(t) \Theta \dot{e}(t) - \int_{t-\theta}^{t} \dot{e}^T(s) \Theta \dot{e}(s) ds$$

$$= 2\eta^T(t) PB\eta(t) + 2\eta^T(t) P\begin{pmatrix} p(t) \\ 0 \end{pmatrix} + 2\eta^T(t) PR \int_{t-\tau}^{t} \dot{\eta}(s) ds$$

$$+ \tau \dot{e}^T(t) Q \dot{e}(t) - \int_{t-\tau}^{t} \dot{e}^T(s) Q \dot{e}(s) ds$$

$$+ \theta \dot{e}^T(t) \Theta \dot{e}(t) - \int_{t-\theta}^{t} \dot{e}^T(s) \Theta \dot{e}(s) ds \qquad (23)$$

From Lemma 1, we have:

$$\dot{V}(t) \leqslant \eta^T(t)(PB + B^T P^T)\eta(t) + 2\eta^T(t) P\begin{pmatrix} p(t) \\ 0 \end{pmatrix} + 2\eta^T(t) P\begin{pmatrix} q(t) \\ 0 \end{pmatrix}$$

$$+ 2\eta^T(t) PR \int_{t-\tau}^{t} \dot{\eta}(s) ds + \tau \dot{e}^T(t) Q \dot{e}(t) - \frac{1}{\tau} (\int_{t-\tau}^{t} \dot{e}^T(s) ds)^T Q (\int_{t-\tau}^{t} \dot{e}^T(s) ds)$$

$$+ \theta \dot{e}^T(t) \Theta \dot{e}(t) - \frac{1}{\theta} (\int_{t-\theta}^{t} \dot{e}^T(s) ds)^T \Theta (\int_{t-\theta}^{t} \dot{e}(s) ds)$$

$$= \zeta^T(t) \Pi \zeta(t) \qquad (24)$$

$$\text{where } \Pi = \begin{pmatrix} PB+B^T P^T & 0 & P & P & PR & 0 \\ * & \tau Q & 0 & 0 & 0 & 0 \\ * & * & 0 & 0 & 0 & 0 \\ * & * & * & 0 & 0 & 0 \\ * & * & * & * & -\dfrac{1}{\tau}Q & 0 \\ * & * & * & * & * & -\dfrac{1}{\theta}\Theta \end{pmatrix}.$$

From model (1), we have:

$$0 = 2(Q_1 e(t) + Q_2 \dot{e}(t) + Q_3 \int_{t-\tau}^{t} \dot{\eta}(s)\,ds)^T(-\dot{e}(t) + (A - LC, E - LD)\eta(t)$$

$$+ p(t) + q(t) + (LC, LD)\int_{t-\tau}^{t} \dot{\eta}(s)\,ds) = \zeta^T(t)\,\Xi\,\zeta(t) \qquad (25)$$

$$\text{where } \Xi = \begin{pmatrix} \Xi_{11} & \Xi_{12} & \Xi_{13} & \Xi_{13} & \Xi_{14} & 0 \\ * & \Xi_{22} & \Xi_{23} & \Xi_{23} & \Xi_{24} & 0 \\ * & * & \Xi_{33} & 0 & \Xi_{34} & 0 \\ * & * & * & \Xi_{33} & \Xi_{34} & 0 \\ * & * & * & * & \Xi_{44} & 0 \\ * & * & * & * & * & 0 \end{pmatrix},$$

$$\Xi_{11} = \begin{pmatrix} Q_1^T \\ 0 \end{pmatrix}(A-LC, E-LD) + \left(\begin{pmatrix} Q_1^T \\ 0 \end{pmatrix}(A-LC, E-LD)\right)^T, \quad \Xi_{12} = -\begin{pmatrix} Q_1^T \\ 0 \end{pmatrix} + (Q_2^T(A-LC, E-LD))^T$$

$$\Xi_{13} = \begin{pmatrix} Q_1^T \\ 0 \end{pmatrix}(I, R_8), \quad \Xi_{14} = \begin{pmatrix} Q_1^T \\ 0 \end{pmatrix}(LC, LD) + (Q_3^T(A-LC, E-LD))^T, \quad \Xi_{22} = -(Q_2 + Q_2^T)$$

$$\Xi_{23} = Q_2^T(I, R_9), \quad \Xi_{24} = -Q_3 + Q_2^T(LC, LD)^T, \quad \Xi_{33} = 0, \quad \Xi_{34} = Q_3^T(I, R_9),$$

$$\Xi_{44} = Q_3^T(LC, LD) + (Q_3^T(LC, LD))^T$$

where the proper dimension matrices $R_9 \in R^{n \times n}$ is arbitrary.

From formulas (20), (21) and (22), we get:

$$\dot{V}(t) \leqslant \zeta(t)\ (\Lambda + \Pi + \Xi)\ \zeta(t) = \zeta^T(t)\Omega\zeta(t) \qquad (26)$$

$$\text{where } \Omega = \Lambda + \Pi + \Xi = \begin{pmatrix} \Omega_{11} & \Omega_{12} \\ * & \Omega_{22} \end{pmatrix}$$

$$\Omega_{11} = \begin{pmatrix} S_1 + S_1^T + \Xi_{11} + Y_1^T \Delta Y_1 + PB + B^T P^T & \Xi_{12} \\ * & \tau Q + \Xi_{22} \end{pmatrix}$$

$$\Omega_{12} = \begin{pmatrix} P + \Xi_{13} & S_2 + S_3^T + \Xi_{13} + P + Y_1^T \Delta Y_3 & PR + \Xi_{14} & Y_1^T \Delta Y_2 \\ \Xi_{23} & \Xi_{23} & \Xi_{24} & 0 \end{pmatrix}$$

$$\Omega_{22} = \begin{pmatrix} S_4 + S_4^T & 0 & \Xi_{34} & 0 \\ * & Y_3^T \Delta Y_3 & \Xi_{34} & Y_3^T \Delta Y_2 \\ * & * & -\tau^{-1} Q + \Xi_{44} & 0 \\ * & * & * & -W_2^T V_2 - V_2^T W_2 \end{pmatrix}$$

$$PB + B^T P^T = \begin{pmatrix} P_1(A-LC) & P_1(E-LD) - \delta P_2 \\ 0 & -\delta P_3 \end{pmatrix} + \begin{pmatrix} P_1(A-LC) & P_1(E-LD) - \delta P_2 \\ 0 & -\delta P_3 \end{pmatrix}^T$$

$$+ \delta \begin{pmatrix} P_2 H \int_0^1 F((1-\lambda)x(t) + \lambda\hat{x}(t))d\lambda N & 0 \\ P_3 H \int_0^1 F((1-\lambda)x(t) + \lambda\hat{x}(t))d\lambda N & 0 \end{pmatrix}$$

$$+ \delta \begin{pmatrix} P_2 H \int_0^1 F((1-\lambda)x(t) + \lambda\hat{x}(t))d\lambda N & 0 \\ P_3 H \int_0^1 F((1-\lambda)x(t) + \lambda\hat{x}(t))d\lambda N & 0 \end{pmatrix}^T$$

$$= Z + Z^T + \delta \begin{pmatrix} P_2 H \\ P_3 H \end{pmatrix} \int_0^1 F((1-\lambda)x(t) + \lambda\hat{x}(t))d\lambda (N \quad 0)$$

$$+ \delta \left[\begin{pmatrix} P_2 H \\ P_3 H \end{pmatrix} \int_0^1 F((1-\lambda)x(t) + \lambda\hat{x}(t))d\lambda (N \quad 0) \right]^T$$

where $Z = \begin{pmatrix} P_1(A-LC) & P_1(E-LD) - \delta P_2 \\ 0 & -\delta P_3 \end{pmatrix}$.

From Lemma 2, we obtain that $S_1 + S_1^T + \Xi_{11} + PB + B^T P^T < 0$ is equivalent with:

$$S_1 + S_1^T + \Xi_{11} + Z + Z^T + \varepsilon^{-1}\delta^2 \begin{pmatrix} P_2 HH^T P_2^T & P_2 HH^T P_3^T \\ * & P_3 HH^T P_3^T \end{pmatrix} + \varepsilon \begin{pmatrix} N^T N & 0 \\ 0 & 0 \end{pmatrix} < 0.$$

Based on the above derivation, we have the following result:

Theorem 2: The fault tolerant synchronization (1) and (4) is achieved if there exist constants $\tau, \varepsilon > 0, \delta > 0$, the positive definite matrices $P_1 = P_1^T > 0$, $Q = Q^T > 0$, and the matrices $Q_j, M_j, U_j, j = 1, 2$, $Q_j, M_j, U_j, j = 1, 2$, $L, C, D, R_i, i = 1, 2, \cdots, 9$, such that the matrix $\sum < 0$, where $\sum = \begin{pmatrix} \sum_{11} & \Omega_{12} \\ * & \Omega_{22} \end{pmatrix}$, $\Theta_{11} = S_1 + S_1^T + \Xi_{11} + Z + Z^T$

$$+ \varepsilon^{-1}\delta^2 \begin{pmatrix} P_2 HH^T P_2^T & P_2 HH^T P_3^T \\ * & P_3 HH^T P_3^T \end{pmatrix} + \varepsilon \begin{pmatrix} N^T N & 0 \\ 0 & 0 \end{pmatrix}.$$

When $h(x(t-\theta)) = 0$, the inequality (20) is transformed to: $\omega^T(t)\Lambda\omega(t) \geq 0$,

where $\omega(t) = \left(\eta^T(t) \ \dot{e}^T(t) \ \begin{pmatrix} p(t) \\ 0 \end{pmatrix}^T \left(\int_{t-\tau}^{t} \dot{e}(s)ds \right)^T \right)^T$, $\Lambda = \begin{pmatrix} S_1 + S_1^T & 0 & S_2 + S_3^T & 0 \\ * & 0 & 0 & 0 \\ * & * & S_4 + S_4^T & 0 \\ * & * & * & 0 \end{pmatrix}$

$S_1 = \begin{pmatrix} -\varepsilon U_2^T M_2 & 0 \\ 0 & 0 \end{pmatrix}$, $S_2 = \begin{pmatrix} \varepsilon U_2^T M_1 & \varepsilon R_1 \\ 0 & \varepsilon R_2 \end{pmatrix}$, $S_3 = \begin{pmatrix} \varepsilon U_1^T M_2 & 0 \\ \varepsilon R_3 & \varepsilon R_4 \end{pmatrix}$, $S_4 = \begin{pmatrix} -\varepsilon U_1^T M_1 & \varepsilon R_5 \\ \varepsilon R_6 & \varepsilon R_7 \end{pmatrix}$

$\varepsilon > 0$ is an any constant. The proper dimension matrices $R_i \in R^{n \times n}$, $i = 1, 2, \cdots, 7$, are arbitrary.

We choose Lyapunov function:

$$V(t) = e^T(t)P_1 e(t) + \int_{-\tau}^{0}\int_{t+\theta}^{t} \dot{e}^T(s)Q\dot{e}(s)dsd\theta$$

$$= \eta^T(t)PE_1\eta(t) + \int_{-\tau}^{0}\int_{t+\theta}^{t} \dot{e}^T(s)Q\dot{e}(s)dsd\theta$$

where $P = \begin{pmatrix} P_1 & P_2 \\ 0 & P_3 \end{pmatrix}$, and it is easy to know that $PE_1 = E_1^T P^T$,

and differentiating $V(t)$ with respect to t and using Lemma 1, yields

$\dot{V}(t) \leq \omega^T(t)\Pi\omega(t)$,

$$\text{where } \Pi = \begin{pmatrix} PB + B^T P^T & 0 & P & PR \\ * & \tau Q & 0 & 0 \\ * & * & 0 & 0 \\ * & * & * & 0 \\ * & * & * & -\dfrac{1}{\tau}Q \end{pmatrix}.$$

From model (6), we have:

$$0 = 2(Q_1 e(t) + Q_2 \dot{e}(t) + Q_3 \int_{t-\tau}^{t} \dot{\eta}(s)\,ds)^T(-\dot{e}(t) + (A - LC, E - LD)\eta(t)$$

$$+ p(t) + (LC, LD)\int_{t-\tau}^{t} \dot{\eta}(s)\,ds)$$

$$= \sigma^T(t)\,\Xi\,\sigma(t),$$

where $\Xi = \begin{pmatrix} \Xi_{11} & \Xi_{12} & \Xi_{13} & \Xi_{14} \\ * & \Xi_{22} & \Xi_{23} & \Xi_{24} \\ * & * & \Xi_{33} & \Xi_{34} \\ * & * & * & \Xi_{44} \end{pmatrix}$, $\Xi_{11} = \begin{pmatrix} Q_1^T \\ 0 \end{pmatrix}(A-LC, E-LD) + \left(\begin{pmatrix} Q_1^T \\ 0 \end{pmatrix}(A-LC, E-LD)\right)^T$

$$\Xi_{12} = -\begin{pmatrix} Q_1^T \\ 0 \end{pmatrix} + (Q_2^T(A-LC, E-LD))^T, \quad \Xi_{13} = \begin{pmatrix} Q_1^T \\ 0 \end{pmatrix}(I, R_8), \quad \Xi_{14} = \begin{pmatrix} Q_1^T \\ 0 \end{pmatrix}(LC, LD)$$

$$+ (Q_3^T(A-LC, E-LD))^T, \quad \Xi_{22} = -(Q_2 + Q_2^T)\Xi_{23} = Q_2^T(I, R_8), \quad \Xi_{24} = -Q_3 + Q_2^T(LC, LD)^T$$

$$\Xi_{33} = 0, \quad \Xi_{34} = Q_3^T(I, R_8), \quad \Xi_{44} = Q_3^T(LC, LD) + (Q_3^T(LC, LD))^T$$

where the proper dimension matrices $R_8 \in R^{n \times n}$ is arbitrary.

Based on the above derivation, we have the following result:

Corollary 3: The fault tolerant synchronization (1) and (3) is achieved if there exist constants $\tau, \varepsilon > 0, \delta > 0$, the positive definite matrices $P_1 = P_1^T > 0$, $Q = Q^T > 0$, and the matrices $Q_j, M_j, U_j, j = 1, 2$, $Q_j, M_j, U_j, j = 1, 2$, $L, C, D, R_i, i = 1,$

$2, \cdots, 8$, such that the matrix $\Theta < 0$, where $\Theta = \begin{pmatrix} \Theta_{11} & \Omega_{12} \\ * & \Omega_{22} \end{pmatrix}$, $\Theta_{11} = S_1 + S_1^T + \Xi_{11} + Z +$

$$Z^T + \varepsilon^{-1}\delta^2 \begin{pmatrix} P_2 HH^T P_2^T & P_2 HH^T P_3^T \\ * & P_3 HH^T P_3^T \end{pmatrix} + \varepsilon \begin{pmatrix} N^T N & 0 \\ 0 & 0 \end{pmatrix}.$$

3. Numerical Examples

Example 1: Consider a typical delayed Hopfield neural networks with two neurons:

$$A = -I, \quad g(x(t)) = \begin{pmatrix} 2.0 & -0.1 \\ -5.0 & 3.0 \end{pmatrix}\begin{pmatrix} \tanh(x_1(t)) \\ \tanh(x_2(t)) \end{pmatrix}$$

$$h(x(t-\theta)) = \begin{pmatrix} 0.15 & -0.1 \\ -0.2 & -2.5 \end{pmatrix}\begin{pmatrix} \tanh(x_1(t-\theta)) \\ \tanh(x_2(t-\theta)) \end{pmatrix}$$

$$\tau = 0.01, \theta = 1, LC = LD = -38I, E = 2I, \quad x(t) = \begin{pmatrix} x_1 \\ x_2 \end{pmatrix}$$

When $f(t)$ and $\hat{f}(t)$ are derivable on t we take:

$$f(t) = \begin{cases} (0,0)^T, & 0 \leqslant t \leqslant 2 \\ (0, 2\sin t)^T, & t \geqslant 2 \end{cases}, \quad \dot{\hat{f}}(t) = \begin{pmatrix} 0.2 & 0 \\ 0 & 0 \end{pmatrix} \begin{pmatrix} x_1(t) - x_3(t) \\ x_2(t) - x_4(t) \end{pmatrix} - 2\tilde{f}(t)$$

Simulation results are shown in the following Fig. 1.

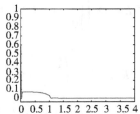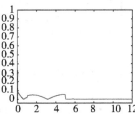

Fig. 1 The state responses of $x(t)$ and $\hat{x}(t)$ when $f(t)$ and $\hat{f}(t)$ are derivable on t

When $f(t)$ and $\hat{f}(t)$ are derivable on $x(t)$ we take:

$$f(t) = \begin{cases} (0,0)^T, & 0 \leqslant t \leqslant 10 \\ (0.2\sin(x_1(t)), \ 0.4\sin(x_2(t)))^T, & t \geqslant 10 \end{cases}$$

Simulation results are shown in the following Fig. 2.

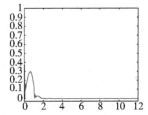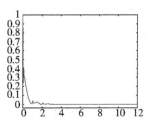

Fig. 2 The state responses of $x(t)$ and $\hat{x}(t)$ when $f(t)$ and $\hat{f}(t)$ are derivable on $x(t)$

Example 2: Consider chaotic Lü system, that is:

$$A = \begin{pmatrix} -36 & 36 & 0 \\ 0 & 20 & 0 \\ 0 & 0 & -3 \end{pmatrix}, \ g(x(t)) = \begin{pmatrix} 0 \\ -x_1 x_3 \\ x_1 x_2 \end{pmatrix}$$

where $x(t) = \begin{pmatrix} x_1 \\ x_2 \\ x_3 \end{pmatrix}$. We choose:

$$LC = \begin{pmatrix} 0 & -38 & 0 \\ 0 & -38 & 0 \\ 0 & 0 & 0 \end{pmatrix}, \; LD = \begin{pmatrix} 0 & 0 & 0 \\ 0 & -38 & 0 \\ 0 & 0 & 0 \end{pmatrix}, \; E = \begin{pmatrix} 2 & 0 & 0 \\ 0 & 2 & 0 \\ 0 & 0 & 2 \end{pmatrix}, \; \tau = 0.01.$$

When $\hat{f}(t)$ and $\tilde{f}$ are derivable on t we take:

$$f(t) = \begin{cases} (0,0,0)^T, \; 0 \leqslant t \leqslant 2 \\ (0,2\sin t,0)^T, \; t \geqslant 2 \end{cases}, \; \dot{\tilde{f}}(t) = \begin{pmatrix} 0.2 & 0 \\ 0 & 0 \end{pmatrix} \begin{pmatrix} x_1(t) - x_3(t) \\ x_2(t) - x_4(t) \end{pmatrix} - 2\tilde{f}(t).$$

Simulation results are shown in the following Fig. 3.

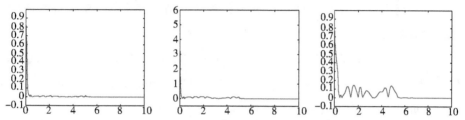

Fig. 3 The state responses of $x(t)$ and $\hat{x}(t)$ when $f(t)$ and $\hat{f}(t)$ are derivable on t

When $f(t)$ and $\hat{f}(t)$ are derivable on $x(t)$ we take:

$$f(t) = \begin{cases} (0,0,0)^T, \; 0 \leqslant t \leqslant 5 \\ (0,0.4\sin(x_1(t)), \, 0.4\sin(x_2(t)))^T, \; t \geqslant 5 \end{cases}$$

Simulation results are shown in the following Fig. 4.

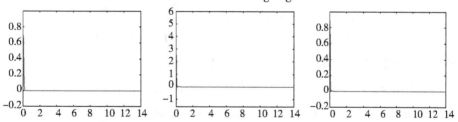

Fig. 4 The state responses of $x(t)$ and $\hat{x}(t)$ when $f(t)$ and $\hat{f}(t)$ are derivable on $x(t)$

4. Conclusions

In this paper, taking the constant propagation delay and actuator faults and doing the extended transformation of the error systems into account, the problem of the chaotic fault tolerant synchronization has been addressed. The conservation of stability of the error systems is decreased.

参考文献

［1］谢冬秀,雷纪刚,陈桂芝．矩阵理论及方法［M］．北京:科学出版社,2012.

［2］周海林．几类典型矩阵方程的梯度矩阵计算［J］．高等数学研究,2017,20(4):56-61.

［3］Min Sun, Yiju Wang. The Conjugate Gradient Methods for Solving the Generalized Periodic Sylvester Matrix Equations［J］. Journal of Applied Mathematics and Computing, 2019, 60 (1-2):413-434.

［4］邵新慧,彭程．一类 Sylvester 矩阵方程的迭代解法［J］．东北大学学报（自然科学版）,2017,38(6):909-912.

［5］王大宽．一种求解 Sylvester 矩阵方程的松弛梯度迭代方法［J］．长治学院学报,2017,34(2):50-52.

［6］顾传青,蒋祥龙．求解矩阵方程的一种改进的梯度方法［J］．应用数学与计算数学学报,2014,28(4):432-439.

［7］邹阳芳,周富照,田时宇．实子矩阵约束下矩阵方程 AX = B 的共轭梯度迭代解法［J］．数学理论与应用,2014,34(1):12-17.

［8］Xiongfeng Deng, Xiuxia Sun, Shuguang Liu. Iterative Learning Control for Leader-following Consensus of Nonlinear Multi-agent Systems with Packet Dropout［J］. International Journal of Control, Automation and Systems, 2019,17 (8):2135-2144.

［9］蒲陈阳,刘作军,庞爽,张燕．知识继承型迭代学习控制的研究与应用［J］．浙江大学学报(工学版), 2019,53 (7):1340-1348.

［10］池荣虎,侯忠生,黄彪．间歇过程最优迭代学习控制的发展:从基于模型到数据驱动［J］．自动化学报, 2017, 43(6): 917-932.

［11］何熊熊,秦贞华,张端．基于边界层的不确定机器人自适应迭代学习

控制. 控制理论与应用[J]. 2012, 29(8): 1090-1093.

[12] 张雪峰, 秦现生, 冯华山等. 液压驱动四足机器人单腿竖直跳跃运动分析与控制. 机器人[J]. 2013, 35(2): 135-141.

[13] 田国会, 袁丽, 李国栋等. 结合迭代学习控制的视觉伺服物品抓取方法[J]. 华中科技大学学报(自然科学版), 2015, 43(1): 536-540.

[14] 朱雪枫, 王建辉, 方晓柯等. 非线性迭代学习算法在机器人上肢康复中的应用[J]. 控制与决策, 2016, 31(7): 1325-1329.

[15] Beesack P: R. Elementary Proofs of Some Opial-type Integral Inequalities[J]. D'analyse Math, 1979(36):1-14.

[16] 匡继昌. 常用不等式[M]. 济南:山东科学技术出版社,2004:565-566.

[17] Yong-Hong Lan, Jun-jun Xia, Ya-ping Xia, and Peng Li. Iterative Learning Consensus Control for Multi-agent Systems with Fractional Order Distributed Parameter Models[J]. International Journal of Control, Automation and Systems 2019,17(X):1-11.

[18] H: Ye, J. Gao, and Y, Ding. A Generalized Gronwall Inequality and Its Application to a Fractional Differential Equation[J]. Math. Anal. Appl, 2007(328): 1075-1081.

[19] I. Podlubny. Fractional Differential Equations [M]. Academie Press, New York,1999.

[20] M. A. Duarte-Mermoud, N. Aguila-Camacho, J. A. Galle-gos, R. Castro-Linares. Using Quadratic Lyapunov Functions to Prove Lyapunov Uniform Stability for Fractional Order Systems[J]. Commun Nonlinear Sci Numer Simulate, 2015(22):650-659.

[21] Q. Lv, Y. -C. Fang, and X. Ren. Iterative Learning Control for Accelerated Inhibition Effect of Initial State Random Error[J]. Acta Automatica Sinica, 2014,40(7):1295-1302.

[22] M. X. Sun. B. J. Huang. Iterative Learning Control [M]. National Defence Industry Press, Beijing, 1999.

[23] R. P. Agarwal, S. Deng, and W. Zhang. Generalization of a Retarded

Gronwall-like Inequality and Its Applications [J]. Applied Mathematics and Computation, 2005, 165(3) : 599-612.

[24] Qunli Zhang, Jin Zhou, Gang Zhang, Stability Concerning Partial Variables for a Class of Time-varying Systems and Its Applications in Chaos Synchronization [M]. Proceedings of the 24th Chinese Control Conference, South China University of Technology Press, 2005 : 135-139.

[25] Zuoyong Dong, Yajuan Wang, Minghui Bai, Zhiqiang Zuo. Exponential Synchronization of Uncertain Master-slave Lur'e Systems via Intermittent Control [J]. Journal of Dynamics and Control, 2009, 7(4) : 328-333.

[26] Junjian Huang, Chuandong Li, Qi Han, Stabilization of Chaotic Neural Networks by Periodically Intermittent Control [J]. Circuits Syst Signal Process 28, 2009 : 567-579.

[27] Xiaoxin Liao. Theory and Application of Stability for Dynamical Systems [M]. Beijing : National Defence Industry Press, 2000 : 15-40.

[28] Ping Li, Jinde Cao. Stability in Static Delayed Neural Networks : A Nonlinear Measure Approach [J]. Neurocomputing, 2006(69) : 1776-1781.

[29] Ping Li, Jinde Cao. Global Stability in Switched Recurrent Neural Networks with Time-varying Delay via Nonlinear Measure [J]. Nonlinear Dyn, 2007 (49) : 295-305.

[30] Yuanming Li, Haijun Jiang. Exponential Stability of High-order Cohen-Grossberg Neural Networks with Time Delay [J]. Journal of Xinjiang University (Natural Science Edition), 2008, 25(1) : 28-35.

[31] Anhua Wan, Miansen Wang, Jigen Peng. Exponential Stability of Cohen-Grossberg Neural Networks [J]. Journal of Xi'an Jiaotong University, 2006, 40(2) : 215-218.

[32] L. Xiang, J. Zhou, Z. Liu. On the Asymptotic Behavior of Hopfield Neural Networks with Periodic Inputs [J]. Appl Math & Mech-English Edition, 2002(23) : 1367-1373.

[33] Gopalsamy K. , H. Z. He. Stability in Asymmetric Hopfield Nets with

Transmission Delays[J]. Physica D, 1994(76):344-358.

[34] Zhong-qiang Wu, Fu-xiao Tan, Shao-xian Wang. The Syn-chronization of Hyper-chaotic System of Cellular Neural Networksbased on Passivity[J]. Acta Physica Sinica,2006,55(4):1651-1658.

[35] Qian Ye, Huibin Zhu, Baotong Cui. Synchronization Analysis of Delayed Hybrid Dynamical Networks with Quantized Impulsive Effects[J]. Control Theory & Applications, 2013,30(1):61-68.

[36] Zuoyong Dong, Yajuan Wang, Minghui Bai, Zhiqiang Zuo. Exponential Synchronization of Uncertain Master-slave Lur'e Systems via Intermittent Control [J]. Journal of Dynamics and Control,2009,7(4):328-333.

[37] Junjian Huang, Chuandong Li, Qi Han. Stabilization of Chaotic Neural Networks by Periodically Intermittent Control[J]. Circuits Syst Signal Process, 2009 (28):567-579.

[38] Ping Li, Jinde Cao. Global Stability in Switched Recurrent Neural Networks with Time-varying Delay via Nonlinear Measure [J]. Nonlinear Dyn, 2007 (49):295-305.

[39] Yuanming Li, Haijun Jiang. Exponential Stability of High-order Cohen-Grossberg Neural Networks with Time Delay[J]. Journal of Xinjiang University(Natural Science Edition), 2008,25(1):28-35.

[40] Anhua Wan, Miansen Wang, Jigen Peng. Exponential Stability of Cohen-Grossberg Neural Networks[J]. Journal of Xi'an Jiaotong University,2006,40(2): 215-218.

[41] Qunli Zhang. The Generalized Dahlquist Constant with Applications in Synchronization Analysis of Typical Neural Networks via General Intermittent Control [J]. Advances in Artificial Neural Systems Vol. 2011, Article ID 249136, 7 pages doi:10. 1155/2011/249136, 2011.

[42] Gopalsamy K., H. Z. He. Stability in Asymmetric Hopfield Nets with Transmission Delays[J]. Physica D. ,1994(76):344-358.

[43] H. Lu. Chaotic Attractors in Delayed Neural Networks[J]. Phys. Lett.

A,2002(298):109-116.

[44]Guo-liang Cai, Juan-juan Huang. Synchronization for Hyperchaotic Chen System and Hyperchaotic Rossler System with Different Structure[J]. Acta Physica Sinica, 2006, 55(8):3997-4003.

[45] H. R. Karimi, P. Maass. Delay-range-dependent Exponential H∞ Synchronization of A Class of Delayed Neural Networks[J]. Chaos, Solitons and Fractals,2009,41(3): 1125-1135.

[46] Qunli Zhang. Synchronization of Multi-chaotic Systems with Ring and Chain Intermittent Connections[J]. Applied Mechanics and Materials,2013:241-244.

[47] Qunli Zhang, Jin Zhou, Gang Zhang. Stability Concerning Partial Variables for A Class of Time-varying Systems and Its Applications in Chaos Synchronization[R]. Proceedings of the 24th Chinese Control Conference, South China University of Technology Press, 2005:135-139.

[48] Zuoyong Dong, Yajuan Wang, Minghui Bai,Zhiqiang Zuo. Exponential Synchronization of Uncertain Master-slave Lur'e Systems via Intermittent Control [J]. Journal of Dynamics and Control, 2009(4):328-333.

[49] Junjian Huang, Chuandong Li, Qi Han. Stabilization of Delayed Chaotic Neural Networks via Periodically Intermittent Control [J]. Circuit Syst Signal Process,2009(28):567-579.

[50] Xiaoxin Liao. Theory and Application of Stability for Dynamical Systems [M]. Beijing: National Defence Industry Press, 2000:15-40.

[51] Ping Li, Jinde Cao. Stability in Static Delayed Neural Networks: A Nonlinear Measure Approach[J]. Neurocomputing ,2006(69): 1776-1781.

[52] Yuanming Li, Haijun Jiang, Exponential Stability of High-order Cohen-Grossberg Neural Networks with Time Delay[J]. Journal of Xinjiang University(Natural Science Edition), 2008,25(1):28-35.

[53] Anhua Wan, Miansen Wang, Jigen Peng. Exponential Stability of Cohen-Grossberg Neural Networks[J]. Journal of Xi'an Jiaotong University, 2006,40(2): 215-218.

［54］Jianli Zhao, Jing Wang, Wei Wei. Approximate Finite-time Stable Control of Lorenz Chaos System［J］. Acta Physica Sinica, 2011(10):15-23.

［55］Xue-song Chen, Meiling Shen. An Algorithm of Lorenz Chaotic Encryption Audio Watermarking Based on DWT［J］. Science Technology and Engineering, 2011(7):1590-1595.

［56］Bing Li, Qiankun Song. Synchronization of Chaotic Delayed Fuzzy Neural Networks under Impulsive and Stochastic Perturbations［J］. Abstract and Applied Analysis, 2013:1-14.

［57］Junjian Huang, Chuandong Li, Qi Han. Stabilization of Delayed Chaotic Neural Networks by Periodically Intermittent Control［J］. Circuits Syst Signal Process, 2009(28):567-579.

［58］Ziad Zahreddine. Matrix Measure and Application to Stability of Matrices and Interval Dynamical Systems［J］. International Journal of Mathematics and Mathematical Sciences, 2003(2):75-85.

［59］Sun Jitao, Zhang Yinping, Liu Yongqing, Deng Feiqi, Exponential Stability of Interval Dynamical System with Multidelay［J］. Applied Mathematics and Mechanics, 2002, 23(1): 87-91.

［60］Zong Guangdeng, Wu Yuqiang, Xu Shengyuan. Stability Criteria for Switched Linear Systems with Time-delay［J］. Control Theory & Applications, 2008, 25(5):295-305.

［61］Yuan Yuhao, Zhang Qingling, Chen Bing, Robust Fuzzy Control Based on Matrix Measure for Nonlinear Descriptor Systems with Time-delay［J］. Control and Decision, 2007, 22(2):174-178.

［62］Ding Liming, Quan Jianbing, Zhang Ying, Li Zhixiang, The Fixed Point Theorem and Asymptotic Stability of a Delay-differential System［J］. Journal of Air Force Radar Academy, 2009, 23(3):203-204.

［63］Guo Yunxia, Matrix Measure and Uniform Ultimate Boundedness with Respect to Partial Variables for FDEs［J］. Journal of Wuhan University of Science and Engineering, 2008, 21(4):15-19.

[64] Chao Liu, Chuandong Li, Shukai Duan. Stabilization of Oscillating Neural Networks with Time-delay by Intermittent Control[J]. International Journal of Control, Automation, and Systems,2011,9(6):1074-1079.

[65] Qunli Zhang. Matrix Measure with Application in Quantized Synchronization Analysis of Complex Networks with Delayed Time via the General Intermittent Control[J]. Applied Mathematics,2013(10):1417-1426.

[66] Zhengguang Wu, Ju H,Park,Hongye Su.,Jian Chu. Discontinuous Lyapunov Functional Approach to Synchronization of Time-delay Neural Networks Using Sampled-data[J]. Nonlinear Dyn.,2012(69):2021-2030.

[67] Nan Li,Jiawen Hu,Jiming Hu,Lin Li. Exponential State Estimation for Delayed Recurrent Neural Networks with Sampled-data[J]. Nonlinear Dyn.,2012 (69):555-564.

[68] Gu K. An Integral Inequality in the Stability Problem of Time-delay systems[M]//Pro. 39th IEEE Conf. Decision and Control, Dec. 2000, Sydney, Australia,2010:2805-2810.

[69] Wang Z, Liu Y,Yu L,Liu X. Exponential Stability of Delayed Recurrent Neural Networks with Markovian Jumping Parameters [J]. Phys. Lett. A, 2006: 356,346.

[70] Anhua Wan, Jigen Peng, Miansen Wang, Generalized Relative Dahlquist Constant with Applications in Stability Analysis of Nonlinear Systems[J]. Mathematica Applicata,2005,18(2):328-332.

[71] Qunli Zhang, Jin Zhou, Gang Zhang, Stability Concerning Partial Variables for a Class of Time-varying Systems and Its Applications in Chaos Synchronization[R]. Proceedings of the 24th Chinese Control Conference, 2005:135-139.

[72] X. Liao, G. Chen and H. Wang, On Global Synchronization of Chaotic Systems, Dynamics of Continuous[J]. Discrete and Impulsive Systems,2000(12):1-8.

[73] Yongguang Yu, Suochun Zhang, Hopf Bifurcation Analysis of the Lü system[J]. Chaos, Solitons and Fractal, 2004: 21, 1215-1220.

[74] Dilan Chen, Jitao Sun, Qidi Wu, Impulsive Control and Its Application

to Lü Chaotic System[J]. Chaos, Solitons and Fractal, 2004: 21, 1135-1142.

[75] E. Lorenz, Deterministic Non-periodic Flows[J]. J. Atmosphere Science, 1963:20, 130.

[76] The-lu Liao, Adaptive Synchronization of Two Lorenz Systems[J]. PII: S0960-0779, 00161-00166, 1997.

[77] Zhou J, Liu Z, Chen G. Dynamics of Periodic Delayed Neural Networks [J]. Neural Networks, 2004(17):87-101.

[78] Zhou J, Xiang L, Liu Z. Global Dynamics of Delayed Bidirectional Asso-cillative Memory (BAM) Neural Networks[J]. Appl Math&Mech-English Edition, 2005(26): 327-335.

[79] Xiang L, Zhou J, Liu Z. On the Asymptotic Behavior of Hopfield Neural Networks with Periodic Inputs[J]. Appl Math & Mech-English Edition, 2002 (23): 1367-1373.

[80] Chua L O, Roska T. Cellular Neural Networks with Nonlinear and Delay-type Template[J]. Int. J. Circuit Theory Appl. , 1992(90):469-481.

[81] Gopalsamy K, He H Z. Stability in Asymmetric Hopfield Nets with Trans-mission Delays[J]. Physica D, 1994(76): 344-358.

[82] Liu Bin, Ren Yuyan, Gao Haibin. The Stability of Cellular Neural Net-works with Time-varying Delay[J]. Signal Processing, 2003,19 (4): 362-364.

[83] Guo Dajun. Nonlinear Functional Analysis[M]. Jinan:Shandong Science and Technology Press, 2003: 54-55.

[84] Shi Bao, Zhang Decun, Gai Min. Theory and Applications of Differential Equations[M]. Beijing:National Defense Industry Press, 2005: 145-146.

[85] Cheng Chao Jung, Liao TehLu, Yan JunJuh, Hwang ChiChuan. Syn-chronization of Neural Networks by Decentralized Feedback Control[J]. Physics Let-ters A, 2005(338): 28-35.

[86] V. Lakshimikantham, S. Sivasundaram, B. Kaymakcalan. Dynamic Systems on Measure Chains [M]. Kluwer Academic Publishers, Dordrecht, 1996.

[87] Liuman Ou, Siming Zhu. Stable Analysis for Dynamic Equations on Time

Scales [J]. Acta Mathematica Scientia, 2008, 28A(2): 308-319.

[88] Agarwal R. P., Bohner M., O'Regan D., et al. Peterson. Dynamic Equations on Time Scales: A Survey [J]. J Comput Appl Math, 2002(141): 1-26.

[89] M. Bohner, A. Peterson. Dynamic Equations on Time Scales: An Introduction with Application [M]. Birkhauser, Boston, Massachusetts, 2001.

[90] Jeffrey J. Dacunha. Stability for Varying Linear Dynamic Systems on Time Scales [J]. Journal of Computational and Applied Mathematics, 2005(176): 381-410.

[91] Anhua Wan, Jigen Peng, Miansen Wang. Generalized Relative Dahlquist Constant with Applications in Stability Analysis of Nonlinear Systems[J]. Mathematica Application, 2005, 18(2): 328-332.

[92] Sanchez E. N and Perez J. P. Input-to-state Stability Analysis for Dynamic N. N. [R]. IEEE frans Circuits System, 1999,46:1395-1398.

[93] Tingwen Huang, Chuandong Li, Wenwu Yu and Guanrong Chen. Synchronization of Delayed Chaotic Systems with Parameter Mismatches by Using Intermittent Linear State Feedback. Nonlinearity, 2009(22):569-584.

[94] K. Gu, V. L. Kharitonov, and J. Chen. Stability of Time-delay Systems [M]. Birkhauser, Boston, Mass, USA, 2003.

[95] Ting Lei, Qiankun Song, Zhenjiang Zhao, and Jianxi Yang. Synchronization of Chaotic Neural Networks with Leakage Delay and Mixed Time-varying Delays via Sampled-data Control[EB/OL]. Abstract and Applied Analysis, Volume 2013, Article ID 290574,10 pages, http://dx. doi. org/10. 1155/2013/290574.

[96] A. J. Davies, B. H. Mckellar, Observability of Quaternionic Quantum Mechanics[J]. Phys. Rev. A 46, 3671-3675, 1992.

[97] H. Kaiser, E. A. George, S. A. Werner, Neutron Interferometrix search for Quaterinons in Quantum Mechanics[J]. Phys. Rev. A 29, 2276-2279,1984.

[98] A. Peres, Proposed Test for Complex Versus Quaternion Quatum Theory [J]. Phys. Rev. Lett,1979,42:683-686.

[99] K. Gürlebeck, W. Spossing. Quaternionic and Clifford Calculus for Physi-

cists and Engineers[M]. Wiley,1997.

[100] T. Y. Lam. The Algebraic Theiry of Quadratic Forms[M]. Addison-Wesley,1980.

[101] M. Özdemir, A. A. Ergin. Rotations with Unit Timelike Quaternions in Minkowski 3-space[J]. Journal of Geometry and Physics, 2006(56):322-336.

[102] L. Kula, Y. Yayh. Split Quaternions and Rotations in Semi Euclidean Space[J]. Journal of Korean Mathematical Society, 2007(44):1313-1327.

[103] M. Özdemir. The Roots of a Split Quaternion[J]. Applied Mathematics Letters, 2009(22):258-263.

[104] Y. Alagoz, K. H. Oral, S. Yuce. Split Quaternion Matrices[J]. Miskolc Mathematical Notes,2012(13):223-232.

[105] Shi Rongchang, Wei Feng. Matrix Analysis[M]. Beijing: Beijing Institute of Technology Press, 2005:277-294,316-336.

[106] Cheng Daizhan, Xia Yuanqing, Ma Hongbin, Yan Liping. Matrix Algebra, Control and Game [M]. Beijing: Beijing Institute of Technology Press, 2016:7-12.

[107] Zhang Y. A Set of Nonlinear Equations and Inequalities Arising in Robotics and Its Online Solution via A Primal Neural Network[J]. Neurocomputing, 2006,70(1):513-524.

[108] Yunong Zhang, Bolin Liao, Hongzhou Tan. 新型神经网络及其英文 SCI 论文评审论辩[M]. 北京:科学出版社,2016.

[109] Wu Changque, Wei Hongzeng. Matrix Theorem and Method, Beijing: Electronic Industry Press, 2006:194-213,169-172.

[110] Xiongfeng Deng, Xiuxia Sun, Shuguang Liu, and Boyang Zhang. Leader-Following Consensus for Second-Order Nonlinear Multiagent Systems with Input Saturation via Distributed Adaptive Neural Network Iterative Learning Control[R]. Complexity, Research Article (13 pages), Article ID 9858504, Volume 201913 pages, 2019.

[111] D. P. Mandic, S. L. Goh. Complex Valued Nonlinear Adaptive Filters:

Noncircularity, Widely Linear and Neural Models[M]. Wiley, 2009.

[112] M. X. Sun and B. J. Huang. Iterative Learningcontrol [M]. National Defence Industry Press, Beijing, China,1999.

[113] Yunong Zhang, Yanyan Shi, BinghuangCai, Yu Zhang, Ke Chen. 梯度神经网络解线性矩阵方程之收敛分析[J]. 控制工程,2012,19(2):235-239.

[114] Zhang Y. , Yi C. Zhang Neural Network and Neural-dynamic Method [M]. Nova Science Publishers, New York,2011.

[115] Zhang Qunli. The Effect of Initial State Error for Nonlinear Systems with Delay via Iterative Learning Control[J]. Advances in Mathematical Physics, Volume 2016, Article ID 461950, 6pages,2016.

[116] R. P. Agarwal, S. Deng, and W. Zhang. Generalization of A Retarded Gronwall-like Inequality and Its Applications[J]. Applied Mathematics and Computation,2005:165(3):599-612.

[117] Manlika Rajchakit, Piyapong Niamsup and Grienggrai Rajchakit. A Constructive Way to Design A Switching Rule and Switching Regions to Mean Square Exponential Stability os Switched Stochastic Systems with Non-differentiable and Interval time-varying Delay[J]. Journal of Inequalities and Applications, 2013:499, 1-14,2013.

[118] Jian Sun, Jie Chen, Guoping Liu. Stability Analysis and Application of Time-delay Systems. Beijing: Science Press,2012:4-24.

[119] Petersen I. R. , Hollot C. V. A Riccati Equation Approach to the Stabilization of Uncertain Linear Systems. Automatica, 1986,22(4):397-411.

[120] C. E. de Souza and X. Li. Delay-dependent Robust $\| \hbar(e_{k+1}(t)) \|_\lambda \leqslant \left(\dfrac{|\mu+m|}{\mu} + \dfrac{l_f}{\mu} \cdot \dfrac{e^{(l_f+l_g)t} |m|}{\lambda} \right) \| \hbar(e_k(t)) \|_\lambda + \left(\dfrac{l_g}{\mu} \cdot \dfrac{e^{(l_f+l_g)(t-\tau)} |m|}{\lambda} \right) \| \hbar(e_k(t-\tau)) \|_\lambda$. Control of Uncertain Linear State-delayed Systems, Automatica, 1999,35(7):1313-1329.

[121] Jichun wang, Qingling Zhang, and Dong Xiao. Output Strictly Passive Control of Uncertain Singular Neutral Systems[J]. Mathematical Problems in Engineering, Volume 2015, Article ID 591854,12 pages, http://dx. d0i. org/10. 1155/

2015/591854.

[122] LÜ Jinhu, Lu Junan, Liu Z. Controlling Uncertain Lu System Using Linear Feedback[J]. Chaos, Solitons and Fractals,2003:17,127-133.

[123] Yu Yongguang, Zhang Suochun. Hopf Bifurcation Analysis of the Lu System[J]. Chaos, Solitons and Fractals,2004:21,1215-1220.